AKADEMIE DER WISSENSCHAFTEN UND DER LITERATUR

ABHANDLUNGEN DER
MATHEMATISCH-NATURWISSENSCHAFTLICHEN KLASSE

JAHRGANG 1981 · Nr. 2

Klimawandel und Menschheitsgeschichte auf dem mexikanischen Hochland

von

WILHELM LAUER

Mit 21 Figuren, 26 Fotos,
1 Tabelle und 7 Karten im Anhang

AKADEMIE DER WISSENSCHAFTEN UND DER LITERATUR · MAINZ
FRANZ STEINER VERLAG GMBH · WIESBADEN

CIP-Kurztitelaufnahme der Deutschen Bibliothek

Lauer, Wilhelm
Klimawandel und Menschheitsgeschichte auf dem mexikanischen Hochland: [vorgetragen in d. Jahresfeier d. Akad. am 9. November 1979] / von Wilhelm Lauer. – Mainz: Akademie der Wiss. u. d. Literatur; Wiesbaden: Steiner, 1981.
  (Abhandlungen der Mathematisch-Naturwissenschaftlichen Klasse / Akademie der Wissenschaften und der Literatur; Jg. 1981, Nr. 2) ISBN 3-515-03507-9
NE: Akademie der Wissenschaften und der Literatur ⟨Mainz⟩ / Mathematisch-Naturwissenschaftliche Klasse: Abhandlungen der Mathematisch-Naturwissenschaftlichen...

Vorgetragen in der Jahresfeier der Akademie am 9. November 1979, zum Druck genehmigt am selben Tage, ausgegeben am 7. 8. 1981

© 1981 by Akademie der Wissenschaften und der Literatur, Mainz
Druck: Rheinhessische Druckwerkstätte, Alzey
Printed in Germany

Inhalt

Einleitung 5
Eiszeit und Besiedlung Amerikas 7
Frühe Kulturen im nördlichen Amerika 10
Mesoamerika 14
Das Mexiko-Projekt und seine Arbeitsziele 16
Klimaentwicklung in den letzten 40 000 Jahren auf dem Hochland
    von Puebla-Tlaxcala 20
Der Landschaftscharakter während extremer Klimazustände
    zwischen der Sierra Nevada und der karibischen Küste 24
Die präspanischen Kulturepochen in der Region von Tlaxcala
    zwischen 1600 v. und 1500 n. Chr. 32
Klima, Bodenerosion und Siedlungsentwicklung im Hochland
    von Puebla-Tlaxcala 40
Literaturverzeichnis 46
Liste der Beilagen 50
Tafelanhang 51

Einleitung*

Ein Thema „Klimawandel und Menschheitsgeschichte" könnte für manchen Wissenschaftler Ärgernis erregen. Allzu leicht gerät man in den Verdacht, beweisen zu wollen, daß das Klima den Menschen in seinen Handlungen bestimme oder gar determiniere.

Man würde gewiß den Menschen unterschätzen, wollte man seinen Handlungsspielraum durch klimatische Faktoren einschränken. Aber die Naturgeschichte unseres Planeten, der seit ca. 1 Mio Jahren auch die Bühne des menschlichen Daseins und Handelns ist, hat durchaus etwas mit der Entwicklung der Menschheit zu tun. Das Klima ist für die Gestaltung des Schauplatzes, auf dem sich das menschliche Dasein – die Menschheitsgeschichte – abspielt, tatsächlich von Bedeutung, denn es steckt im weitesten Sinne den Rahmen ab, beschränkt Möglichkeiten, setzt Grenzen für das, was auf der Erde geschehen kann, allerdings nicht, was geschieht oder geschehen wird. Das Klima stellt allenfalls Probleme, die der Mensch zu lösen hat. Ob er sie löst, und wie er sie löst, ist seiner Phantasie, seinem Willen, seiner gestaltenden Aktivität überlassen. Oder in einer Metapher ausgedrückt: Das Klima verfaßt nicht den Text für das Entwicklungsdrama der Menschheit, es schreibt nicht das Drehbuch des Films, das tut der Mensch allein.

Man wird nicht ganz umhin können festzustellen, daß ganze Völker samt ihrer Kultur an bestimmte Klimaräume auf der Erde angepaßt sind, indem nämlich der Mensch als Einzelwesen, soziale Gruppe oder Volk die klimatische Gunst mancher Räume der Entwicklung seiner materiellen Kultur dienstbar gemacht hat. Die meisten Bevölkerungsgruppen bevorzugten in der Frühzeit vorwiegend thermische Governmenträume der Erde zu ihrer optimalen Lebensgestaltung und lernten den natürlichen Wasserhaushalt von Regionen für sich nutzen.

Zu den frühen Kulturleistungen des Menschen gehörte die Meisterung der lebensnotwendigen Wasserprobleme. Bewässerungsanlagen sind nicht selten der Maßstab für die Beurteilung der frühen Hochkulturen gewesen, die man deshalb

---

* Der Text dieser Abhandlung entspricht mit geringfügigen Änderungen und Ergänzungen dem Vortrag, der anläßlich der Jahresfeier der Akademie der Wissenschaften und der Literatur, Mainz, am 9. 11. 1979 gehalten wurde. Die Dokumentation durch Fotos mußte allerdings drastisch reduziert werden. Für Hilfen bei der Auswertung der Literatur und bei den Entwürfen der Karten und Diagramme danke ich den Mitarbeitern der Kommission für Erdwissenschaftliche Forschung, Dr. P. Frankenberg u. Dipl. Geogr. M. D. Rafiqpoor. Die Reinzeichnung der Karten, Diagramme und Tabellen erfolgte durch die Kartographie des Geogr. Inst. d. Univ. Bonn.

auch als „hydraulische Kulturen" bezeichnet hat. Dies gilt auch für die Hochkulturen Altamerikas.

Die Auslesewirkung durch klimatische Bedingungen war in prähistorischen Epochen schärfer als heute, wo durch technisches Raffinement viele natürliche Wirkfaktoren verändert, einerseits verstärkt, andererseits ausgeschaltet werden können, um Bedingungen zu schaffen, die ein Zusammenleben menschlicher Populationen auf engstem Raum zulassen, wie dies heutige industrielle Ballungsräume ausweisen.

In der jüngsten Zeit wird das Klima immer stärker beschworen als steuernder Faktor einer Zukunftentwicklung. Im Ökosystem Mensch–Umwelt bekommt es einen besonderen Platz zugewiesen, da es sowohl durch seine naturbedingte Variabilität als auch durch die vom Menschen selbst provozierten Schwankungen Einfluß auf die Menschheitsgeschichte gewinnt. Der Gang in eine neue Eiszeit oder der Wärmetod der Menschheit durch natürliche Vorgänge bedingt oder durch menschliche Manipulation des Klimas gefördert, sind in aller Munde. Daß der Mensch das Klima beeinflußt und damit seine eigene Umwelt und seine Zukunftsentwicklung ändern kann, liegt auf der Hand. Schon mit seiner ersten Erfindung, dem Feuer, hat-

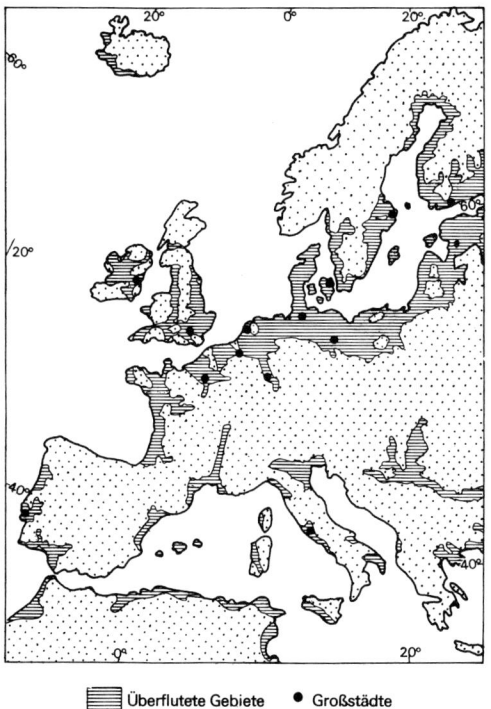

Überflutete Gebiete • Großstädte

Fig. 1: Gebiete, die bei Abschmelzen der polaren Eiskappen durch eine Meerestransgression überflutet würden (verändert n. Bolin)

te er bereits eine Handhabe gefunden, das Klima zu wandeln. Mit großen Flächenbränden konnte er sich zwar Räume zum Anbau erschließen, zu gleicher Zeit greift er damit aber in den Strahlungshaushalt ein, indem durch die ständigen Rauchschwaden die Lufthülle nachhaltig getrübt wird. Wir wissen inzwischen, daß die Desertifikation von Erdräumen ein stetiger, schleichender Vorgang ist, der seit Beginn des aktiven Eingriffs des Menschen in den Naturhaushalt – seit dem Klimaoptimum vor ca. 5–7000 Jahren – merkbare Wirkungen zeitigt und in manchen Erdräumen bereits kritische Stadien verursacht hat. Aktuelles Beispiel ist die Sahelzone am Südrand der Saharawüste.

Würden durch ein Wärmerwerden des Klimas die Eiskappen an den Polen abschmelzen, so würden viele Kulturzentren durch das Weltmeer überflutet (Fig. 1). Seit langem wird immer wieder die Frage gestellt, ob größere Völkerbewegungen, so auch die Urbesiedlung Amerikas oder die Völkerwanderung in Europa, ihre Ursachen – zumindest teilweise – in Klimaänderungen gehabt haben könnten.

Es kann als hinreichend gesichert gelten, daß die Einwanderung des Menschen in Amerika auch ein klimatisches Signum trägt. Jüngste Funde, meist im Nachhinein mit modernen Verfahren leidlich gut datiert, bezeugen die Anwesenheit des Menschen in der Neuen Welt bereits vor mehr als 30 000, aber vermutlich weniger als 70 000 Jahren. Einwanderungen erfolgten über die zeitweise landfeste Beringstraße.

Eiszeit und Besiedlung Amerikas

Zwei entscheidende Faktoren sind für den Vorgang der Urbesiedlung Amerikas von ausschlaggebender Bedeutung gewesen (Fig. 2):

1. Kaltphasen der letzten Vereisung zwischen ca. 70 000 und 14 000 v. h. senkten den Meeresspiegel so weit ab, daß über eine landfeste Brücke zwischen Sibirien und Alaska der Mensch in die Nordwest-Ecke des amerikanischen Kontinents gelangen konnte.

2. Um aber während dieser Klimaepoche, die den Raum des heutigen Kanada unter einem geschlossenen Eispanzer begrub, nach Süden vorzustoßen, mußte während Interstadialen ein zeitweise begehbarer, offener und damit eisfreier Korridor zwischen dem Vereisungsgebiet der Rocky Mountains und der Inlandeisdecke des Laurentischen Schildes vorhanden gewesen sein.

Beide Ereignisse – Absenken des Meeresspiegels und ein eisfreier Korridor – fallen aus klimatischen Gründen zeitlich nicht voll zusammen. Es ist wahrscheinlich, daß Kaltphasen den Übergang nach ständig eisfreien Gebieten Alaskas erlaubten und anschließende, kürzere, wärmere Phasen den Korridor östlich der Rocky Mountains öffneten, so daß dann zeitweise ein fast kontinuierliches Eindringen von

Einwandererwellen möglich wurde. Es wird vermutet, daß bereits zwischen 70 000 und 40 000 v. h. erste Einwanderer Alaska erreicht haben. Mit Sicherheit konnten sie in wärmeren Klimaphasen dann auch – aber vermutlich erst nach 40 000 – durch einen eisfreien Korridor nach Süden in die Prärien und Plains Nordamerikas und schließlich weiter über die mittelamerikanische Landbrücke nach Südamerika vordringen, wie Funde beweisen. Die ältesten Funde auf dem gesamten amerikanischen Kontinent sind in Fig. 3 eingetragen. Sie erlauben keine lückenlose Erklärung des Einwanderungsmechanismus, doch läßt sich aus den Daten im Zusammenhang mit der Kenntnis über den Rhythmus wärmerer und kälterer Klimaepochen nach

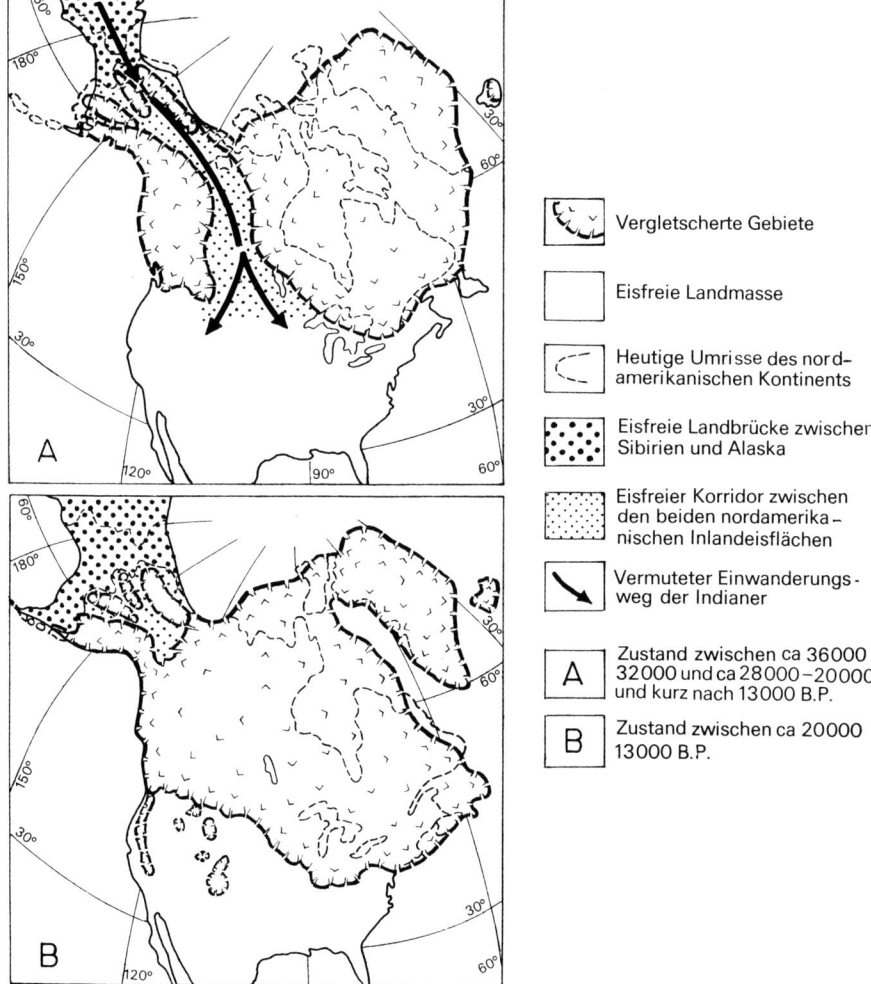

Fig. 2: Nordamerika und Beringstraße während der letzten Vereisungsperiode

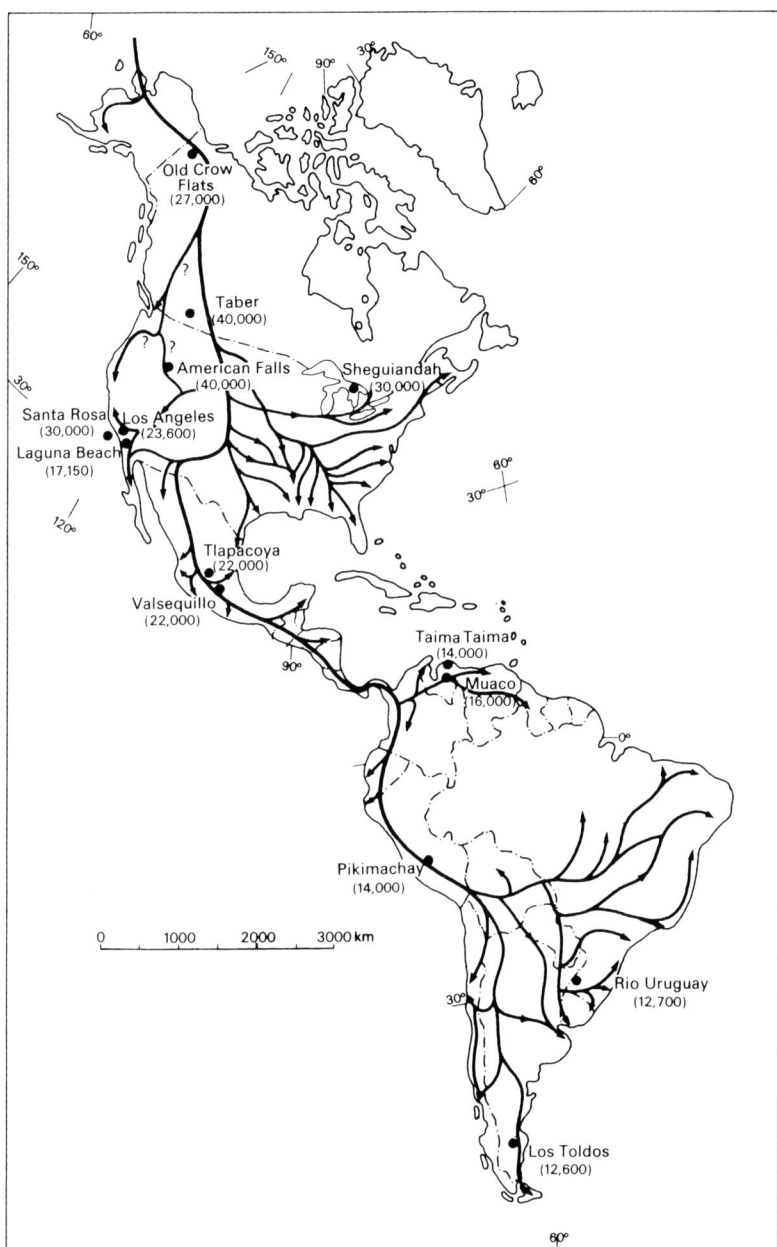

Fig. 3: Älteste datierte Fundplätze, die die Anwesenheit des Menschen in Amerika wahrscheinlich machen (n. Lorenzo, 1978) und die Hauptlinien der Einwanderung des Menschen (n. C. O. Sauer, 1944)

40 000 v. h. einigermaßen schließen, welche natürlichen Voraussetzungen zeitweise für ein Eindringen in den Kontinent gegeben waren.

Offensichtlich bestand zwischen 36 000 und 32 000 v. h. sowie zwischen 28 000 und 20 000 und ebenso unmittelbar nach 13 000 v. h. ein eisarmer bis eisfreier Korridor im Lee der Rocky Mountains (Fig. 2 A u. B). In den übrigen Zeiten, besonders auch während der Schlußvereisung zwischen 20 000 und 13 000, blockierte die geschlossene Eisbedeckung in Nordamerika, bei der die Gebirgsvereisung der Rocky Mountains und die Inlandeismasse des östlichen kanadischen Flachlandes vereinigt waren, eine Ausbreitung nach Süden. Damit kann auf der Basis datierter Funde die Aussage gestützt werden, daß zwischen 36 000 und 20 000 v. h. die erste Besiedlung südlich der Inlandeisbarriere, also im Bereich der USA und in Mexiko, erfolgt sein kann und bereits zwischen 16 000 und 12 000 weiter gewanderte Völkergruppen bereits bis in die Südspitze Südamerikas vordringen konnten (Fig. 3).

Die Funde werden dem Kulturstande nach für den Bereich der USA und Mexikos im sogenannten „Archäolithikum", das bis ca. 14 000 v. h. gedauert hat, zugeordnet (Lorenzo, 1975). In Mexiko sind sechs Fundplätze nachgewiesen. Danach waren die Menschen in der Zeit zwischen 30 000 und 14 000 v. h. Sammler von Pflanzen, Früchten, Samen und Insekten und deren Larven sowie Jäger von Kleintieren, die außerdem das Feuer zu handhaben wußten.

Frühe Kulturen im nördlichen Amerika

Mit dem Abklingen der Vereisung nach ca. 13 000 v. h. (Fig. 2 u. 4) konnte bei noch niedriger Lage des Meeresspiegels ebenfalls die Landbrücke zwischen Sibirien und Alaska überquert werden, so daß dann vermutlich mehrere Einwandererwellen erfolgten, die nach rascherem Zurückweichen des Eises leicht nach dem Süden Amerikas vordringen konnten. Ab 14 000, dem Beginn des „unteren Känolithikum" (Lorenzo) vermögen Prähistoriker gewisse Strukturierungen zu erkennen, die einzelnen Völkergruppen zugeordnet werden können mit differenzierten materiellen Kultureigenschaften (Fig. 4). Vier Kulturtypen werden für den Raum der heutigen Prärien und Plains unterschieden, die zum Teil ineinandergreifen, regional aber unterschiedlich verbreitet sind.

1. Die Sandia-Kultur von ca. 12 000 bis 10 000 v. Chr.
2. die Clovis-Kultur von 10 000 bis 7000 v. Chr.
3. die Folsom-Kultur von 9000 bis 5000 v. Chr.
4. die boreale Kultur zwischen 5000 und 3000 v. Chr.

Für Mexiko hat J. L. Lorenzo (1975) folgende Kulturphasen gegliedert (Fig. 4):
1. unteres Känolithikum von 12 000 bis 7000 v. Chr.
2. oberes Känolithikum von 7000 bis 5000 v. Chr.
3. Protoneolithikum von 5000 bis 2500 v. Chr.

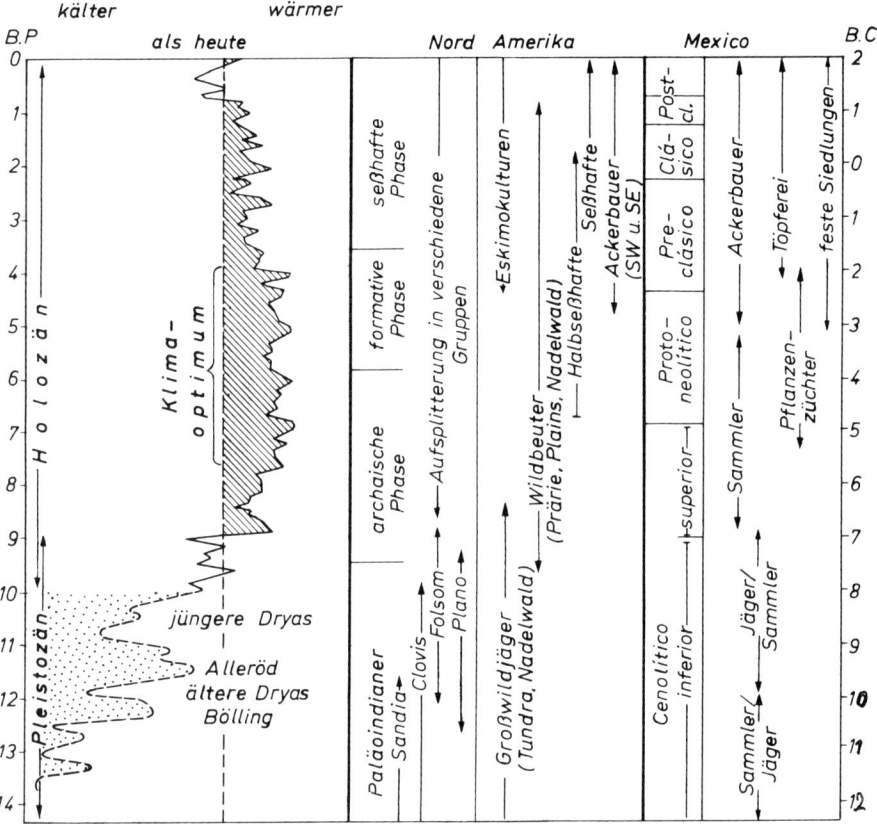

Fig. 4: Kulturepochen Nordamerikas und Mexikos im Vergleich zur Klimakurve in Grönland (n. Dansgaard, 1977), B.P. = before present; B.C. = before Christ

War die Lebensgrundlage der Völker des Archäolithikum eher die Sammeltätigkeit, so tritt in den letztgenannten Epochen die Großwildjagd in den Vordergrund, insbesondere in Nordamerika und Nordmexiko, wo reichliche Funde von Pfeilspitzen diese Aussage stützen und mit deren genauer Typisierung auch die Kulturen im einzelnen unterschieden, datiert und regionalisiert werden konnten. Das Jagdrevier auf die pleistozänen Großtiere waren vorwiegend die Prärien Nordamerikas und die Steppen Nordmexikos. Gejagt wurden Bison, Mammut, Pferd und viele kleinere Tiere. Selbstverständlich wurde die Sammeltätigkeit auch in diesen Epochen beibehalten. Außerdem kommt der Fischfang als eine neue Komponente der Ernährung hinzu, ebenso wie die Faserbearbeitung als neues Element für die Bekleidung ausgeübt wird. Großfamilien sind das Gerüst der sozio-ökonomischen Struktur.

Spätestens mit Beginn des oberen Känolithikums nach 7000 v. Chr. änderte sich das Klima sehr abrupt (Fig. 4). Das Spätglazial geht in das Postglazial über. Das Klima wird wärmer und damit das holozäne Wärmeoptimum eingeleitet. Dies hatte zur Folge, daß im oberen Känolithikum nach 7000 v. Chr. und besonders im Protoneolithikum zwischen 5000 und 3000 v. Chr. – ausgehend vom Zentrum der Plains und Prärien Nordamerikas – einerseits der Mensch mit dem Eis nach Norden zurückweicht und damit der pleistozänen Fauna folgt, andererseits aber Gruppen sich nach Süden wenden, wo wärmere und zum Teil feuchtere Gebiete im Bereich Mexikos und Zentralamerikas angetroffen werden. Die Verteilung der Funde in diesem Zeitraum sowie die vermuteten ökologischen Naturbedingungen, die einen Einfluß auf das räumliche Muster des Besiedlungsgangs gehabt haben mögen, sind in Fig. 5 dargestellt.

Die Dispersion der Menschen im gesamten Amerika erfolgte in dieser Zeit unter Ausnahme der tropischen Tiefländer. Schwerpunkte bildeten sich – abgesehen von den nordamerikanischen Prärien südlich der großen Seen – besonders im Hochland von Mexiko und schließlich in den Anden Südamerikas heraus. Bereits auf dem mexikanischen Hochland entfernen sich die ökologischen Rahmenbedingungen sehr weit von denen, an die die Großwild-Jägernomaden ursprünglich angepaßt waren. Im mexikanischen Hochland beginnt der Mensch sich mit dem Wärmer- und Feuchterwerden des Klimas von der ursprünglichen Ernährungsbasis, der Jagd auf Großtiere, zu lösen. Es beginnt eine stärkere Nutzung der pflanzlichen Produkte. Nicht nur die allmähliche Züchtung des Maises gehört in diese Epoche (MacNeish, 1967), vielmehr werden bereits genutzt: Bohnen (Frijol), Kürbis, Amaranth (Chenopodiacee), Setaria (Graminee) und Chile-Pfeffer. Die klimatisch günstigen, feuchten Phasen dieses Klimaoptimums, vor allem im Protoneolithikum zwischen 5000 und 2500 v. Chr., während dem auf den Hochflächen des mittleren Mexiko und im Bereich von Yucatán viele Seen ausgebildet waren, leiten die Seßhaftwerdung ein, die charakteristischerweise zunächst durch den Fischfang möglich wurden (vgl. die sogenannte Playa-Kultur im Becken von Mexiko zwischen 6000 und 4500 v. Chr.).

Aus fossilen Küchenabfällen hat man ermitteln können, worauf in den einzelnen Epochen der Seßhaftwerdung die Ernährung basierte. Für die von MacNeish untersuchten Kulturphasen des Tehuacán-Tales werden folgende Angaben gemacht: In der Ajuereado-Phase zwischen 10 000 und 7200 v. Chr. basierte die Ernährung noch zu 70 bis 75 % auf Fleisch aus der Großwildjagd, der Rest bestand aus Samenfrüchten. In der El Riego-Phase zwischen 7200 und 5800 wird der Nahrungsbedarf zu 57 % aus Fleisch, 43 % aus pflanzlichen Sammelprodukten abgedeckt. In der Coxcatlan-Phase, zwischen 5800 und 4200 v. Chr. verschiebt sich die Relation zu 32 % Fleisch, 60 % Sammelfrüchte, 8 % angebaute Feldfrüchte. Die Abejas-

Phase zwischen 4200 und 3300 weist nur noch 32 % Jagdfleisch, 25 % Anbaupflanzen und 43 % Sammelfrüchte aus.

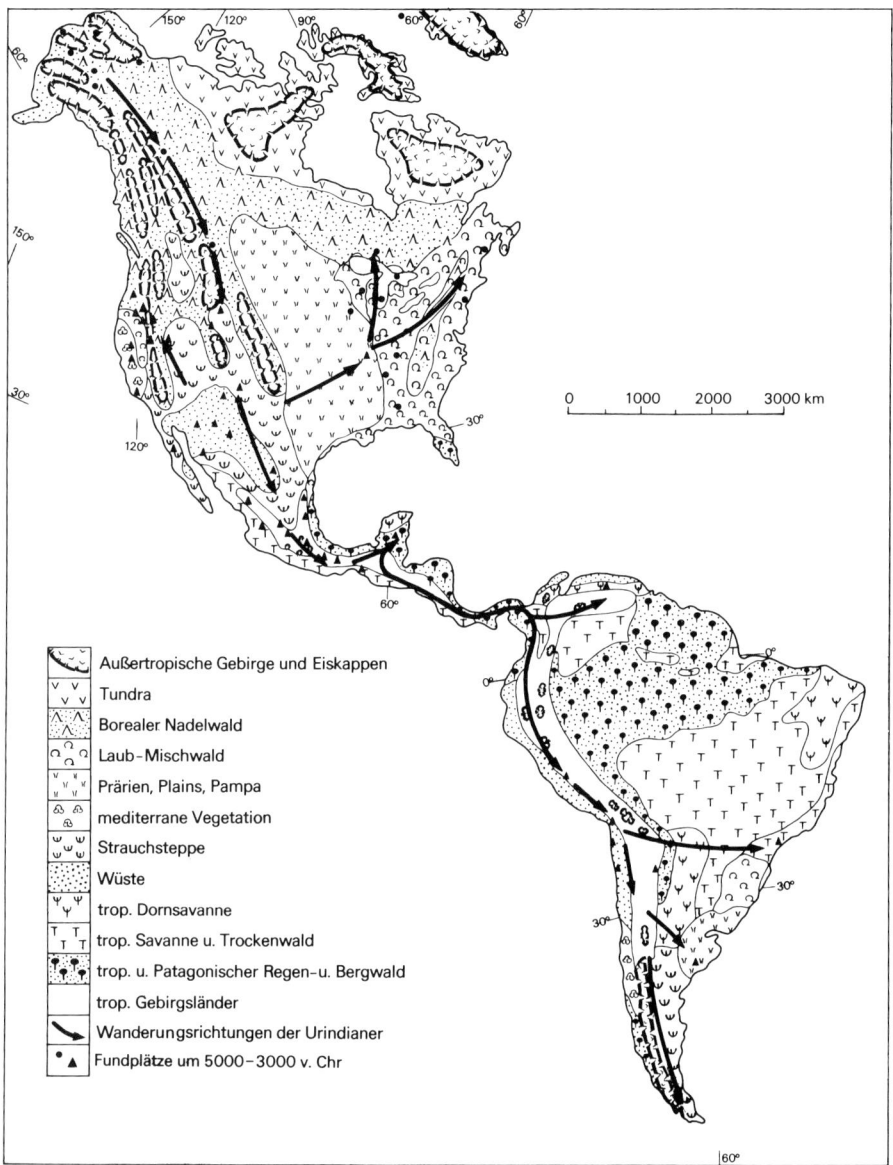

Fig. 5: Fundplätze in der Zeit des holozänen Klimaoptimums 5000–3000 v. Chr. (n. Piña Chan, 1960) und das vermutete ökologische Milieu in Amerika

Mesoamerika

Die Entwicklungsphase während des Klimaoptimums zwischen 5000 und 2000 v. Chr., die den Übergang zum Ackerbau einschließt, ist fixiert an eine ökologische Umwelt, die gekennzeichnet ist durch fruchtbare vulkanische Böden oder Böden von Kalkgesteinen, eine größere Verbreitung von Seen und ein relativ feuchtes Klima, das eine klare jahreszeitliche Periodizität zwischen Regen- und Trockenzeit kannte. Dieses Gebiet erstreckt sich von der Vulkanzone Mexikos über Yucatán und Guatemala bis zur Halbinsel Guanacaste in Costa Rica entlang der Westküste Zentralamerikas genau bis zu dem Punkt, an dem der junge Vulkanismus, verbunden mit guten Böden in Mittelamerika, endet. Spätestens um 2500 v. Chr. zeichnen sich die Konturen eines relativ einheitlich geprägten, jedoch regional differenzierten Kulturraumes ab, der in der Altamerikanistik als „Mesoamerica" bezeichnet wird, der als Kulturepoche die Zeit von 2500 v. Chr. bis 1519 n. Chr. umfaßt (Fig. 6). Die mesoamerikanische Hochkultur wird in groben Zügen gegliedert in ein Präklassikum von ca. 3000 (2000) bis 100 v. Chr., ein Klassikum zwischen 100 v. und 700 n. Chr. und in ein Postklassikum von 700 bis 1500 n. Chr.

Die Maiskultivierung ist die bedeutende Errungenschaft dieser Frühzeit des Akkerbaues. Der Mais wird zum tragenden Grundnahrungsmittel der mesoamerikanischen Hochkulturen. Jagd, Fischfang und Sammelwirtschaft bleiben trotz der Züchtung von Pflanzen, besonders im Präklassikum, noch eine bedeutende Ernährungsgrundlage.

Nach 1000 v. Chr. werden bereits Kultbauten errichtet. Die Gesellschaft ist vielfältig strukturiert, es entwickeln sich dörfliche Siedlungen, je nach Epoche als Streu-

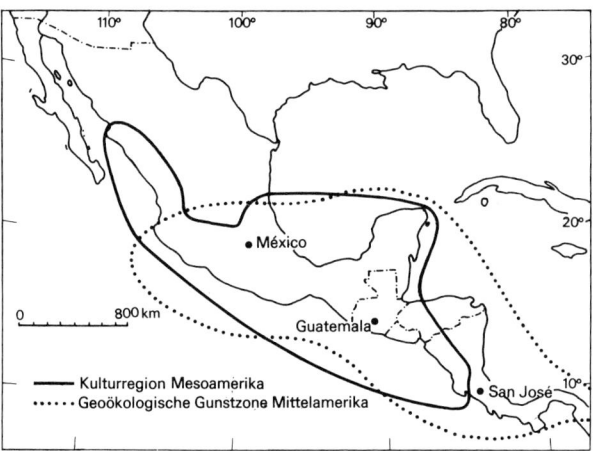

Fig. 6: Kulturregion „Mesoamerika" und geoökologische Gunstzone „Mittelamerika" (verändert n. West/Augelli)

siedlung (Präklassikum und Postklassikum) oder als geschlossene Dörfer (bes. im Klassikum). Es wird eine Wander-Feldwirtschaft mit den Pflanzstock betrieben, das sogenannte Milpa-System (Milpa = Maisfeld). Be- und Entwässungssysteme mit Hilfe von Kanälen oder Wasserstau durch Dämme oder auch aus Mexiko heute noch bekannten Chinampa-System erlangen im Laufe der Zeit, besonders im Klassikum, einen hohen Rang und erlauben ewigen Maisanbau.

Grabungen an Pyramiden haben den Charakter der Hochkultur offen gelegt. Eine Art Schrift, ein kompliziertes Zahlensystem und ein Kalender werden entwickelt und damit ein sehr differenziertes Weltbild erklärt. Einige bedeutende Kultplätze werden während des Klassikums zu Zentren größerer Ansiedlungen mit städtischem Charakter. Cholula und Teotihuacan können in dieser Epoche als erste Großstädte des mexikanischen Hochlandes gelten.

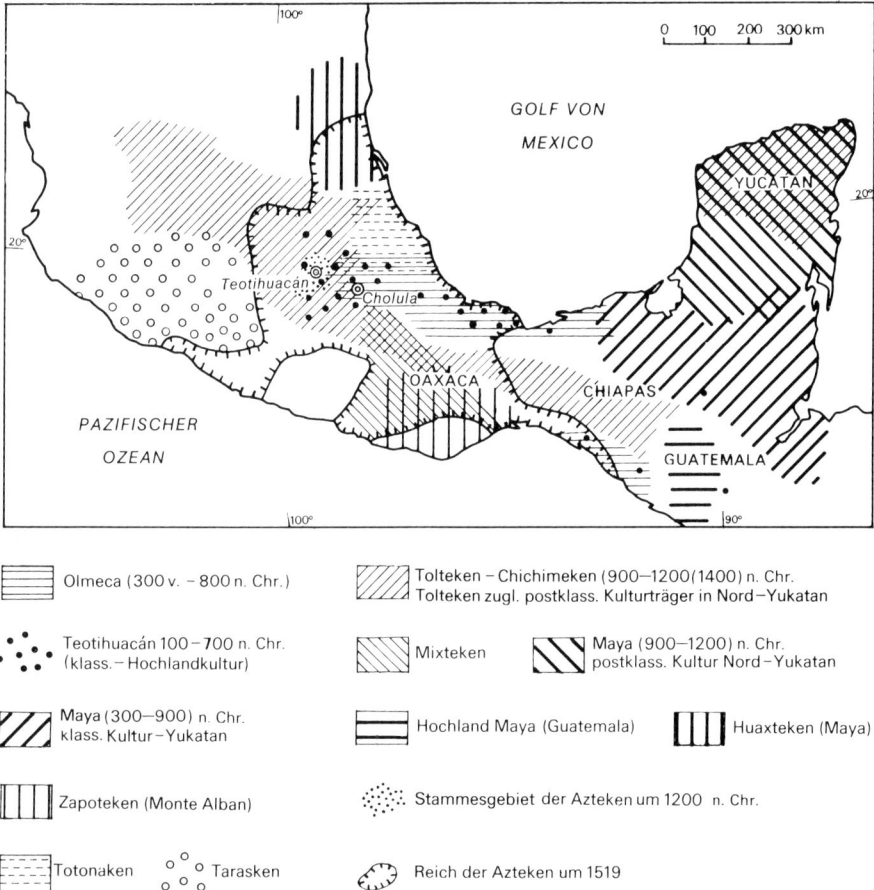

Fig. 7: Verbreitungsgebiete der bedeutenden Kulturen in Mesoamerika in einer zeitlichen Synopse

Es bilden sich in Mesoamerika im Laufe der einzelnen Epochen selbständige Regionen heraus, die mit Hilfe von archäologischen Funden deutlich unterschieden werden können. Bis zur Kolonialzeit hin gerieten aber fast alle Regionen unter gegenseitig Beeinflussung, so daß von einem geschlossenen Hochkulturgebiet gesprochen werden kann (Fig. 7).

Das Mexiko-Projekt und seine Arbeitsziele

Für den Bereich des mexikanischen Hochlandes unterstützte die Deutsche Forschungsgemeinschaft 17 Jahre lang ein regionales wissenschaftliches Schwerpunktprogramm (1962–1978) unter dem Generalthema: „Mensch und Umwelt im Wandel der Zeiten".

In einem festumschriebenen Teilraum der mexikanischen Hochkulturen wurde die Geschichte des Menschen im Wechselspiel mit seiner Umwelt erforscht. Das Gebiet um Puebla-Tlaxcala-Cholula, das hierzu ausgewählt wurde, liegt im zentralmexikanischen Hochland (Fig. 8). Es ist ein Raum früher Seßhaftwerdung des Menschen und kontinuierlicher Besiedlung, ein Kreuzungspunkt von Kulturströmen. Von deutschen und mexikanischen Forschern wurde versucht, die Problematik um die Phasen des Aufstiegs und des Untergangs, der Einwanderung und der Abwanderung, der Siedlungskonzentration und der Siedlungsdispersion zu erfassen und nach Gründen hierfür zu suchen. Im Zentrum des Untersuchungsgebietes liegt die größte Pyramide der Erde, Cholula (Foto 1), dicht daneben die Stadt Puebla, eine spanische Gründung, heute eine Großstadt von nahezu 800 000 Einwohnern (Foto 2).

In diesem interdisziplinären Unternehmen war eine Reihe kulturwissenschaftlicher und naturwissenschaftlicher Fächer zur gemeinsamen Feldforschung beteiligt. Die deutsch-mexikanische Zusammenarbeit war zugleich im Konzept verankert.

Das methodische Vorgehen sollte sich nicht an spektakulären Ausgrabungen orientieren, sondern nach Möglichkeit dem allgemeinen kulturellen, wirtschaftlichen und sozialen Rhythmus der Bevölkerung außerhalb der gut erhaltenen Kultstätten auf dem flachen Land (Foto 3) und in Archiven nachspüren. Archäologie, die verschiedenen Zweige der Geschichtswissenschaften, die Ethnohistorie, die historische Kulturlandschaftsforschung und die Kulturgeographie waren tragende Disziplinen. Ausgehend von der Tatsache, daß die Geschichte des Menschen eng verknüpft ist mit der Geschichte der Natur, hieß Menschheitsgeschichte erforschen, die physische und biotische Umwelt, das Klima, das Pflanzenkleid, die Böden und die feste Erdrinde studieren. Daher war die erdwissenschaftliche Grundlagenforschung zur Mitarbeit aufgerufen, zunächst mehr im Sinne einer Hilfestellung bei der Lösung kulturwissenschaftlicher Forschungsthemen, etwa bei der Datierung von

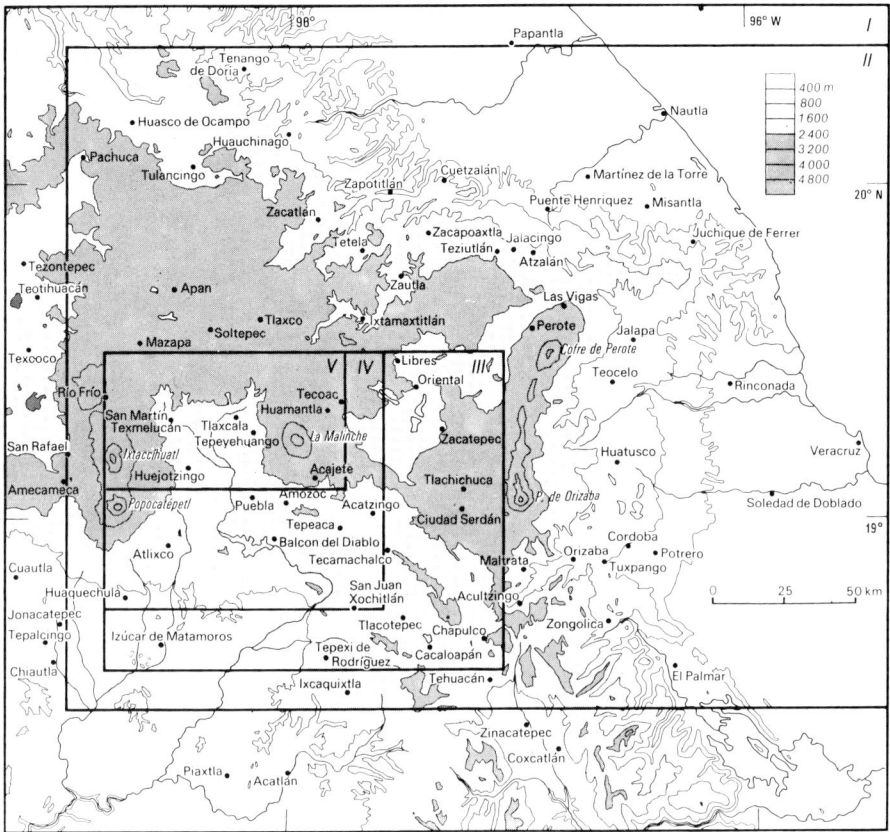

Fig. 8: Arbeitsgebiet im Rahmen des Mexiko-Projektes der Deutschen Forschungsgemeinschaft. I–V: Abschnitte verschiedener Bearbeitungsräume. V: Gebiet des archäologischen Oberflächen-„Surveys" von A. García Cook

Kulturschichten. Im Verlauf der Projektarbeit griff sie aber eigene Fragestellungen auf.

Im folgenden wird der Versuch gemacht, die Entwicklung des Klimas und seiner Folgen für die Umwelt und den Wandel der menschlichen Kultur im Raum Puebla-Tlaxcala zu vergleichen. Es ist der Versuch einer Integration von Ergebnissen verschiedener Disziplinen im Rahmen des Projektes.

Meine Darlegungen basieren neben eigenen Studien zum Klima und zur Vegetation des Raumes auf den Arbeiten der Bonner Mitarbeitergruppe, besonders von Klaus Heine (Geomorphologie) und Dieter Klaus (Klimatologie), auf den palynologischen Studien der Kieler Kollegen Straka und Ohngemach sowie den Untersuchungen der Geologen und Bodenkundler des Projektes aus Gießen und Hamburg.

Schließlich werden die Ergebnisse des archöologischen Surveys von Gracia Cook, Rafael Abascal, Peter Schmidt und der Grabungen von Bodo Spranz eingebracht, um Zusammenhänge sichtbar zu machen. Die Zeitmarken stützen sich auf ^{14}C-Daten, die in Arbeiten verschiedener Autoren, insbesondere denen von Heine, bekannt geworden sind.

Ich möchte ausdrücklich betonen, daß die von mir hier vorgelegte raum-zeitliche Synopse der präspanischen Klima-, Vegetations- und Siedlungsentwicklung relativ hypothetische Züge trägt, da die wirklichen Informationen trotz umfangreicher Arbeiten für die Rekonstruktion von Naturlandschafts- und Kulturlandschaftsbildern noch immer viel zu gering sind.

Voraussetzung für die Studien des Klimas und des Landschaftswandels in der Vergangenheit und der aktiven Einwirkung des Menschen in früherer Zeit ist eine gründliche Aufnahme des Gegenwartsbildes, um die räumlichen Muster zu erkennen, die als Ergebnis einer vergangenen Entwicklung gelten können, aber ebenso eine Rückschau auf frühe Zeiten erlauben.

Um Hinweise auf die klimatischen Grundzüge der Vergangenheit zu erhalten, wurde das heutige Klima kartographisch erfaßt im Maßstab 1 : 200 000 und 1 : 500 000 (Lauer/Stiehl, 1973; Lauer 1978).

Eine solche Karte macht Aussagen über die Gebiete höherer und geringerer Niederschläge, über die Länge von Regen und Trockenzeiten und ihrer Verteilung im Raum. Sie bildet die Temperaturhöhenstufen des Klimas ab von der Meeresküste bis in die Regionen des ewigen Schnees. Sie trennt warmtropische von kalttropischen Räumen. Gerade dadurch läßt sich die Anwesenheit unterschiedlicher Florenelemente in diesem Raum erklären. Die in der Nebenkarte wiedergegebenen atmosphärischen Strömungsverhältnisse erlauben Rückschlüsse auf die mögliche Zirkulation der Vergangenheit.

Mit der Aufnahme des heutigen Vegetationsbildes im Maßstab 1 : 200 000 (Klink/Lauer/Ern, 1973) und 1 : 1 Mill. (Lauer/Klink 1973) sollten zwei Ziele erreicht werden: 1. den floristischen Bestand kennenzulernen, um Hinweise auf frühere Mischungsprozesse unter anderen Klimabedingungen abschätzen zu können und 2. sollte das ökologische Grundschema der räumlichen Anordnung der Vegetation erkannt werden, da auch das Anordnungsmuster Produkt der Entwicklung ist, das gegebenenfalls Rückschlüsse auf frühere Zustände erlaubt.

Die Vegetationsanordnung läßt eine charakteristische Höhenstufung erkennen mit markanten Höhengrenzen (Fig. 9). In den feucht-tropischen Niederungen treten zwei klimatische Varianten eines tropisch-subtropischen Regenwaldes auf. Ab 800 – 1000 m folgt ein subhumider, fast immergrüner Bergwald, in dessen oberer Baumschicht boreale, zum Teil laubwerfende Gattungen dominieren (*Quercus* und *Liquidambar*) sowie *Carpinus, Ostrya, Fagus, Nyssa, Tilia, Juglans*). In dem niedrigen

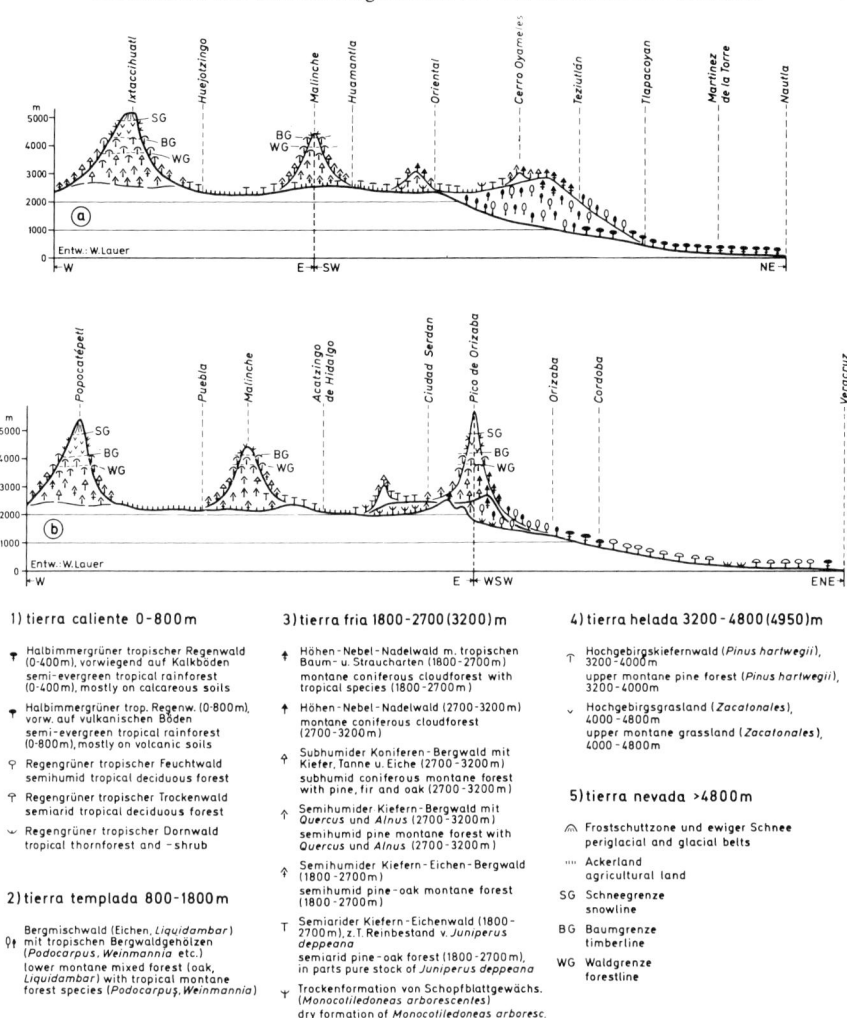

Fig. 9: Vegetationsprofile zwischen Küste und Hochland
a) NE-Abdachung, b) E-Abdachung

Stockwerk finden sich relativ häufig tropisch-montane, zum Teil frostempfindliche Gattungen wie *Weinmannia* und *Podocarpus*. Ab 1800 m ist ein Nadel-Mischwald vom Wolken- und Nebelwaldcharakter zu finden, in dem Eichen, aber auch Kiefern vorherrschend sind (*Pinus patula*). Die Hochfläche wird eingenommen von einem Kiefern-Eichen-Wald, dessen feuchte Variante mit *Abies religiosa* an den hohen Vulkanen zwischen 2700 und 3200 m auftritt. Den obersten Baumbestand bilden fast reine *Pinus hartwegii*-Wälder. Sie leiten bei 4100 m in eine Grasflur, die sogenannten „zacatonales", über. Die Vegetationsgrenze kann man bei 4500 m ansetzen, die klimatische Schneegrenze schließlich bei rd. 5000 m, so daß nur noch die großen Vulkane Popocatépetl, Ixtaccíhuatl und Pico de Orizaba ewigen Schnee tragen. In den Binnensenken treten mehrere Varianten einer Trockenvegetation auf, deren kühle vorwiegend von monokotylen Schopfblattpflanzen (*Yucca, Nolina, Dasylirion*) sowie von *Juniperus* bestimmt wird, deren wärmeliebende Spielart aus Dorngehölzen und Sukkulenten besteht (besonders Kakteen).

Klimaentwicklung in den letzten 40 000 Jahren auf dem Hochland von Puebla-Tlaxcala

Geomorphologische, palynologische und klimatologische Studien zur Vergangenheit führten zu der Erkenntnis, daß es in den letzten 40 000 Jahren kalte und warme sowie feuchte und trockene Phasen in verschiedenen Kombinationen zueinander gegeben hat, die vom heutigen Zustand stärker abweichen.

Als Ergebnis der Studien gelang es, eine Klimaabfolge im Verhältnis zum heutigen Klima zu kennzeichnen und in einer Klimakurve darzustellen (Fig. 10). Diese ist durch den Nachweis von Gletschervorstößen, Bodenbildungsphasen und Pollenanalyse sowie durch ^{14}C-Daten abgestützt, die im wesentlichen auf den Studien von Heine und Ohngemach/Straka basieren.

Die Kurve läßt auf Anhieb erkennen, daß die letzte Phase der Würmeiszeit zwischen 40 000 und ca. 8500 v. h. erheblich kälter war als heute und daß feuchtere Perioden während dieser kalten Perioden zu stärkeren Vergletscherungen führten. Um 8500 v. h. wird relativ abrupt eine wärmere Phase des Klimas eingeleitet und damit der Beginn des Holozäns markiert.

Der älteste, nachgewiesene Gletschervorstoß der letzten Vereisung (M I), der zugleich in Gestalt langer Talgletscher am weitesten hangabwärts reichte (Fig. 11), ereignete sich wahrscheinlich in der Zeit zwischen 35 000 und 32 000 Jahren v. h. nach ^{14}C-Datierungen. Zwischen 26 000 und 21 000 v. h. erfolgte eine weitflächige Bodenbildung, die bereits von Malde (1962) erkannt und von Heine bestätigt und als fBo 1-Boden bezeichnet wurde.

Der zweite Gletschervorstoß (M II) ereignete sich nach einer langen Pause zwischen 21 000 und 13 000 mit äußerst kaltem und trockenem Klima um ca. 12 000 v. h. In dieser Zeit lag die Temperatur fast um 6° niedriger als heute (Fig. 11).

Nach einer erneuten Bodenbildung um ca. 11 000 (fBo 2 nach Heine) wurde es dann gegen 10 000 wieder kälter und feuchter, so daß in drei Phasen der Moränenkomplex M III abgelagert werden konnte. Die Temperaturen waren um mindestens 4° abgesenkt gegenüber heute.

Die Gletschervorstöße M I, M II und M III markieren Zeiten erheblich vermehrter Niederschläge bei kühlem Klima, das seine kälteste Phase bereits überschritten hatte. Zur Zeit der Talgletscher hatten sich im Becken von Puebla Seen gebildet, die auch durch feinkörnige limnische Ablagerungen nachzuweisen sind.

Nach der Moränenphase M III endet das Spätglazial und geht in einen relativ langandauernden wärmeren, doch zeitweise trockeneren oder feuchteren Klimaabschnitt über. Dieses weltweit ausgebildete Klimaoptimum, das von ca. 8000 bis ca. 5000 v. h. andauerte, hat bis zu 2° höhere Temperaturen gegenüber heute gehabt und ist durch Bodenbildungsphasen gekennzeichnet.

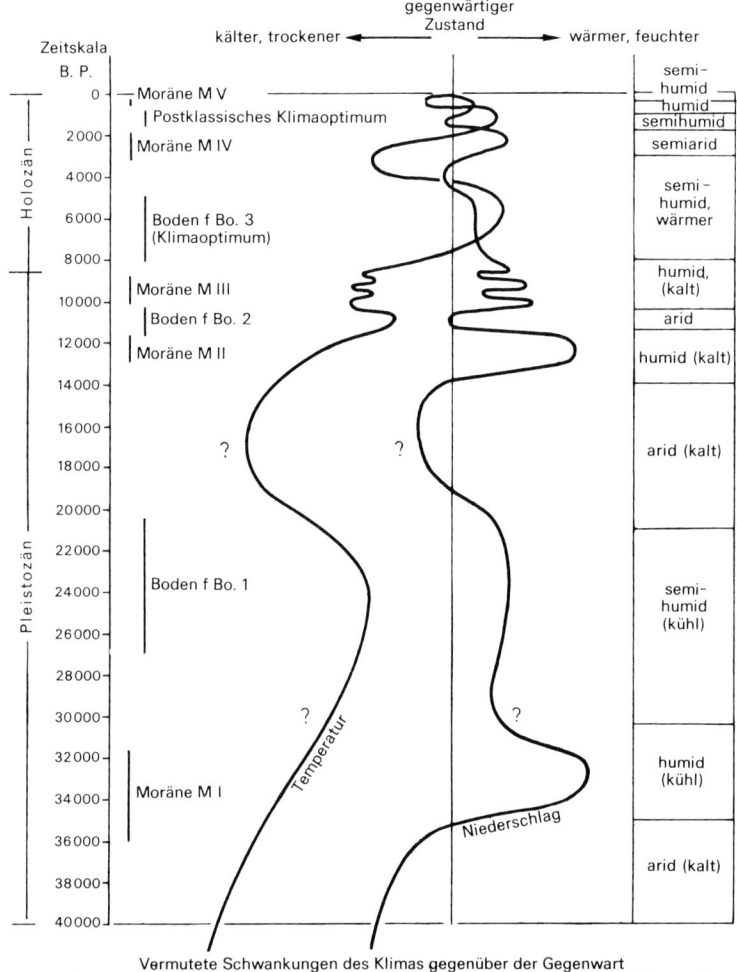

Fig. 10: Vermutete Schwankungen des Klimas gegenüber der Gegenwart nach geomorphologischen, palynologischen und klimatologischen Indizien

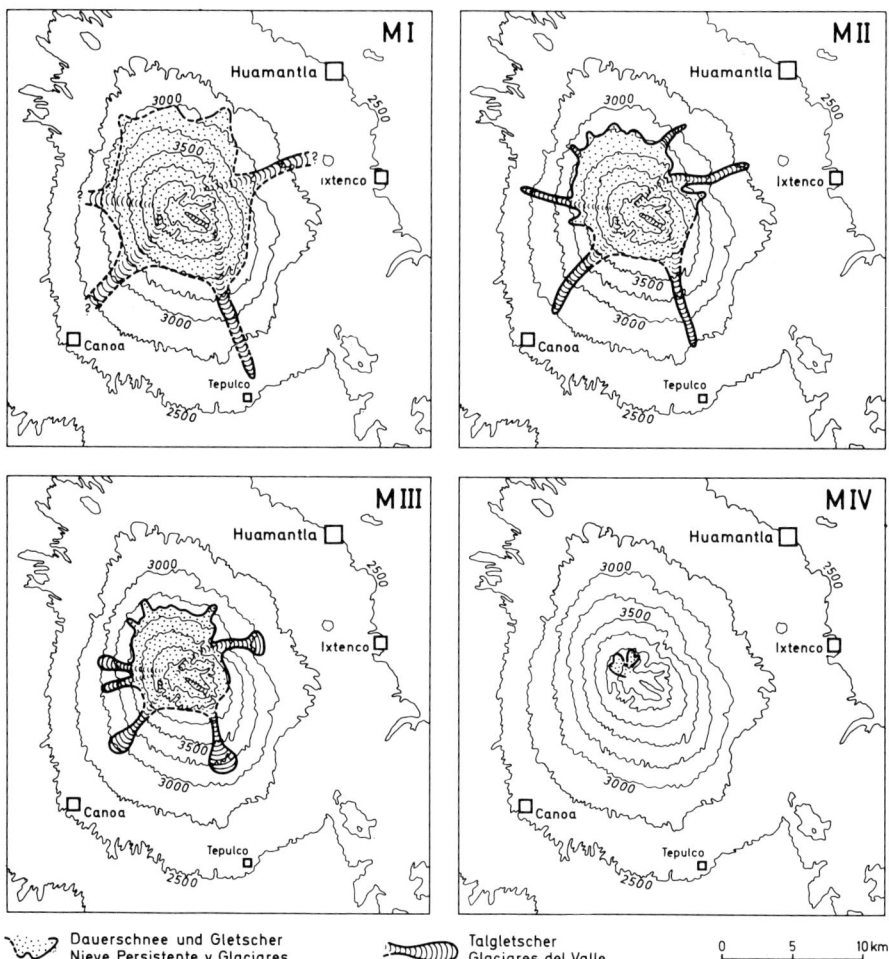

Fig. 11: Vergletscherungen der Malinche (aus Heine 1975)

Mit einem Feuchterwerden des Klimas nach 4000 v. h., besonders zwischen 3000 und 2000, konnte sich dann wieder eine Gletscherzunge an den Hängen der Vulkane entwickeln. Eine Abkühlung um ca. 3° führte zum Moränenstand M IV.

Mit einer erneuten Bodenbildungsphase in den Jahrhunderten nach Christi Geburt geht eine gewisse morphogenetische Stabilitätsphase einher. Sie wird noch vor 1000 n. Chr. abgelöst von einer wärmeren Phase mit Temperaturen, die 1–2° über dem heutigen Niveau lagen und einem Niederschlag, der im Durchschnitt geringfügig höher war als heute, aber sehr viel kurzzeitige Änderungen erkennen ließ. Auch diese Erwärmungsphase ist weltweit erkannt worden. Ich möchte sie für Mexiko als "postklassisches Klimaoptimum" bezeichnen. In Europa ist diese Phase als mittelalterliches Klimaoptimum bekannt.

Zwischen dem 16. und 19. Jh. führte ein Temperaturrückgang um ca. 2° C bei etwas höheren Niederschlägen als heute zu einem weiteren Gletschervorstoß (M V n. Heine). Diese Phase kann mit der weltweit bekannten „kleinen Eiszeit" parallelisiert werden.

Angesichts der Klimakurve muß die Frage gestellt werden, wie es zu kalten und warmen bzw. trockenen und feuchten Phasen kommen konnte. Im Vergleich mit der nacheiszeitlichen Entwicklung im Bereich des nordischen Inlandeises in Europa und Nordamerika fällt auf, daß die Moränenstadien an den mexikanischen Vulkanen zeitlich nicht exakt mit den Moränenphasen der Inlandeisgebiete der Nordhalbkugel übereinstimmen. Die Vorrückphasen an den mexikanischen Vulkanen treten ca. um 1000 bis 3000 Jahre später auf und zwar in feuchteren, aber weniger kalten Phasen. Das Klima war in den Glazialzeiten zu trocken, als daß ein Vorrücken der Gletscher möglich gewesen wäre.

Welche klimatischen Voraussetzungen könnten die jeweiligen warmen und kalten oder feuchten und trockenen Phasen hervorgerufen haben? D. Klaus (1973) hat für kalte und trockene Phasen nachzuweisen versucht, daß im mittleren Mexiko ganzjährig klimatische Bedingungen vorgeherrscht haben mußten, die heute die Wintermonate Januar und Februar kennzeichnen. Er vermutete, daß während der Eiszeiten die Kaltlufteinbrüche, insbesondere in den Wintermonaten zahlenmäßig zunahmen und eine größere Intensität aufwiesen als heute, vorwiegend aber keine Niederschlagsereignisse verursachten, wie dies auch heute bei hochwinterlichen Kaltluft-Einbrüchen (Nortes) in Mexiko beobachtet werden kann (Klaus 1973).

Da die quasi-stationären Höhentröge im Bereich des Eisrandes der Inlandvereisung in Nordamerika für die Strömungsverhältnisse über Mexiko verantwortlich sind, kann man annehmen, daß sich das Untersuchungsgebiet häufiger als heute auf der Rückseite des Höhentroges befand, also jeweils in einer ähnlichen geographischen Situation, die sich heute vorzugsweise nur während der Wintermonate einstellt. Dies bedeutet größere Trockenheit bei erheblicher Kälte für das Hochland von Mexiko.

Für die Sommermonate während der Kaltzeiten kann nach Klaus allenfalls das Klima des Monats April geherrscht haben, da nachzuweisen ist, daß die Sommertemperaturen während der kalten und trockenen Phasen höchstens die Werte der heutigen Aprilmittel erreicht haben. Erfahrungsgemäß fallen aber im April im mexikanischen Hochland weniger Niederschläge als im wärmeren Sommerintervall zwischen Juni und September.

Nach Beginn des Klimaoptimums stellten sich dann allmählich die meteorologischen Verhältnisse ein, die auch heute vorherrschen. Im Sommer nahmen allmählich die tropischen Konvektionsregen zu, und im Winter gewann die passatische Trockenheit immer mehr an Bedeutung, unterbrochen von Kaltfronten aus dem Norden (Nortes), die besonders den Luvseiten der östlichen Gebirgsabhänge Niederschläge brachten. Für Einzelnachweise dieser Hypothesen verweise ich auf die einschlägige Literatur (Klaus, 1973).

Der Landschaftscharakter während extremer Klimazustände zwischen der Sierra Nevada und der karibischen Küste

In einem weiteren Schritt wurde nun versucht, für die einzelnen charakteristischen jungpleistozänen und nacheiszeitlichen extremen Klimazustände, wie sie z. Z. der Moränen-Vorrückphasen und des Klimaoptimums geherrscht haben, die vermutete Vegetation kartographisch darzustellen, um den Landschaftscharakter in diesen Zeiten zu kennzeichnen, wie er aus den Studien der Geomorphologen, Klimatologen und Geobotaniker resultiert.

Das heutige Vegetations- und Landschaftsmuster im östlichen Mexiko in vereinfachter Darstellung (Fig. 12) gibt zu erkennen, daß derzeit nur Ixtaccíhuatl, Popocatépetl und Citlaltépetl ewigen Schnee tragen (Foto 5). Die Schneegrenze liegt bei 5000 m, die Waldgrenze bei 4100 m NN. Charakteristisch ist der Gegensatz zwischen semihumiden bzw. semiariden Hochflächen und dem vollhumiden Abhang im Nordosten und Osten. Die Warmtropengrenze verläuft im Binnenland bei 1800 m. Am Abhang tritt ein Bergwald aus boreal und tropisch geprägten Beständen auf. In den Küstenniederungen wächst ein tropisch-subtropischer Regenwald.

In der M-I-Phase, der Gletschervorrückphase vor 32 000 Jahren, muß das Landschaftsbild erheblich anders ausgesehen haben (Fig. 13). Popocatépetl und Ixtaccíhuatl trugen eine einzige große Eiskalotte. An der Malinche, die damals vergletschert gewesen ist, reichten Talgletscher bis in 2550 m hinab (Fig. 11). Die Temperatur war um ca. 7° abgesenkt. Die Hochfläche von Puebla-Tlaxcala war gerade eben noch von einförmigen Kiefernwäldern, *Pinus hartwegii*, Fichten und Tannen besetzt mit reichem Büschelgrasunterwuchs (Zacatonales). Die Waldgrenze lag am Fuß der Sierra Nevada in ca. 2500–2600 m. Der Frost reichte an der Nordostabdachung bis zum Meeresspiegel hinunter, so daß dort tropisch-megatherme Pflanzen keine Lebenschance hatten. Die tropischen Elemente zogen sich weit nach Süden zurück. Die Fichte war wichtiger Bestandteil der Höhenwälder. Für höhere Feuchtigkeit spricht, daß z. Z. des Gletschervorstoßes die Kiefern trotz ihrer Gesamtdominanz um 50 % gegenüber der Eiche zurücktraten.

Der Gletschervorstoß M II wird von Heine auf 12 000 v. h. datiert. Nach einer kalten trockenen Klimaphase zwischen 20 000 und 13 000 v. h. begünstigte eine sehr regenreiche Periode das Gletscherwachstum erneut. Schneegrenze und Waldgrenze dürften in Größenordnungen zwischen 1000 und 1300 m abgesenkt gewesen sein, die Schneegrenze um einen größeren Betrag, so daß die Gletscherzungen in den Wald hineinreichten. Die Becken und Hochflächen trugen großflächige Seen an den Stellen der heutigen Restseen.

In der Phase des M III-Gletschervorstoßes um die Zeit von 9500 v. h. hat die Waldgrenze in ca. 3500 m gelegen, die Schneegrenze bei 4200 (Foto 4). Es war um 4° kälter und erheblich feuchter gegenüber heute. Dies beweisen auch die auf 9600 Jahre v. h. datierten oberen Becerra-Schichten im Becken von Mexiko, in denen eine vollständige kaltzeitliche Fauna mit Mammut, Pferd und Bison nachgewiesen ist, vergesellschaftet mit Artefakten und dem Skelett des Tepexpan-man. Höhere Niederschläge haben in dieser Zeit zwei bzw. drei kräftige Gletschervorstöße bewirkt. Die Hochflächen könnten ein subhumides Klima gehabt haben, das zur Ausbildung einiger Süßwasserseen ausreichte, außer dem Texcoco-See im Becken von Mexiko auch in den Hochebenen von Oriental und El Seco sowie bei Apan. In die Kiefern-Eichen-Wälder des Hochlandes dürften auch hier noch holarktische Pflanzenelemente eingemischt gewesen sein, wie die pollenanalytischen Befunde beweisen. Uppige holarktisch geprägte Mischwälder wuchsen am Abhang in Höhen zwischen 600 und ca. 1600 m NN, wo *Liquidambar* als Baumart dominierte. Aber auch in den Nebelwaldformationen oberhalb von 1800 m müssen in die Koniferenbestände noch auffällig viele boreale Laubholzarten eingemischt gewesen sein. An der Waldgrenze wird *Pinus hartwegii* mit *Picea* und *Abies* fast reine Nadelwaldbestände gebildet haben (Tafel 1 im Anhang).

Nach dem Ende der Moränenphase M III endete das Spätglazial. Es trat ab 8500 v. h. ein abrupter Umschwung im Klima ein. In weniger als 1000 Jahren stiegen die Temperaturen um ca. 7° gegenüber der M III-Phase an und erreichten Werte, die um ca. 2° höher lagen als heute. Dieser Beginn des sogenannten Klimaoptimums leitete das Holozän ein. Die Warmphase des Klimaoptimums ist durch Bodenbildung gut markiert (Malde, 1962; fBo 2-Boden an den Malinche-Abhängen nach Heine 1976 und 2C-Boden an der Sierra Nevada nach Miehlich, 1980).

Diese Pleistozän/Holozän-Grenze ist auch pollenanalytisch für das Hochland von Puebla nachgewiesen (Heine/Ohngemach, Fig. 14).

Die Fichte verschwand aus dem Verband der Vegetationseinheiten der Kiefern-Höhenwälder und zog sich aus dem gesamten Untersuchungsgebiet in den Norden Mexikos zurück. Das Erlöschen des Fichtenvorkommens fällt mit einem raschen Abfall der Nicht-Baumpollenwerte zusammen. Auf der Hochfläche machten die kühleren Hochgebirgsvegetationsstufen der Zacatonales und *Pinus hartwegii* einer wärmeliebenden Flora Platz (Fig. 15). Zu dieser Zeit dürfte einigen tropisch-montanen Pflanzen der Sprung über die Gebirgsbarriere in die Hochbecken gelungen sein,

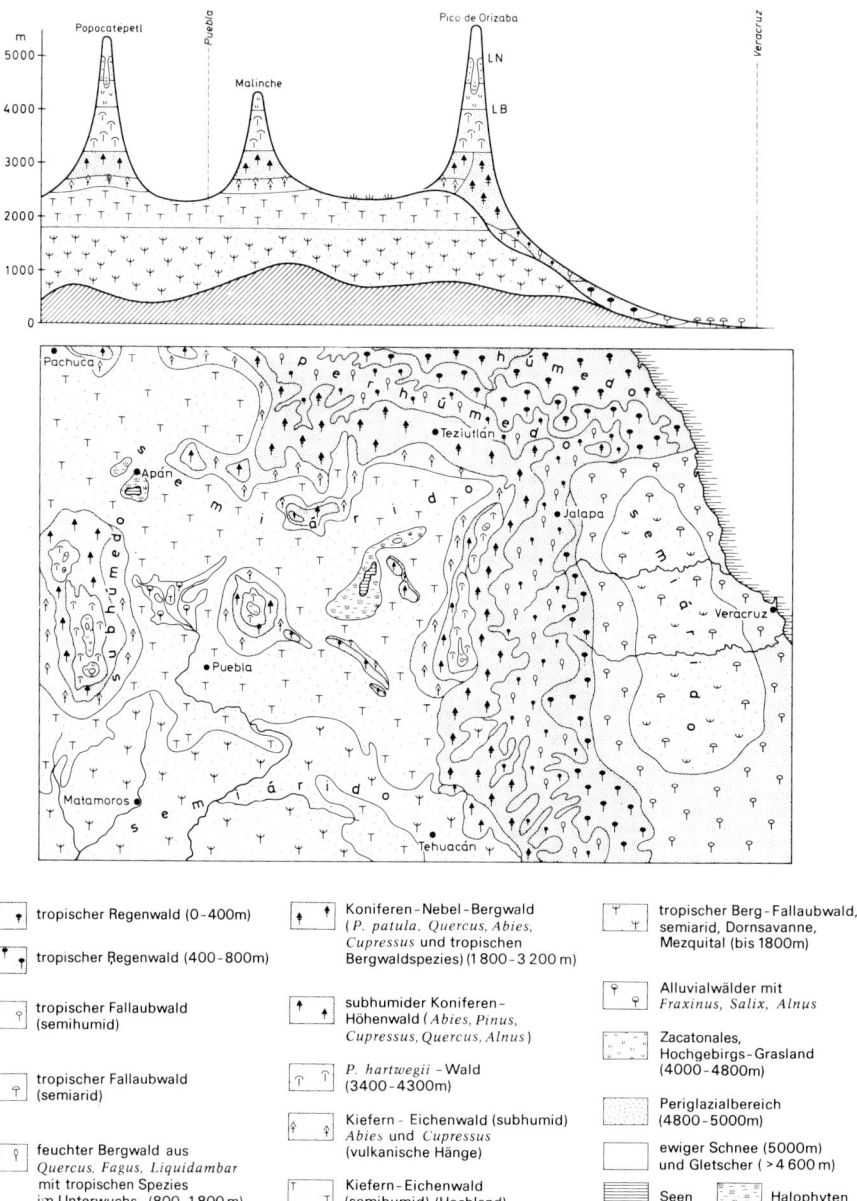

Fig. 12: Die Vegetationseinheiten auf dem mexikanischen Hochland (gegenwärtiger Zustand, generalisiert). Profil: Popocatépetl – Malinche – Pico de Orizaba – Veracruz. (LN = Schneegrenze, LB = Waldgrenze)

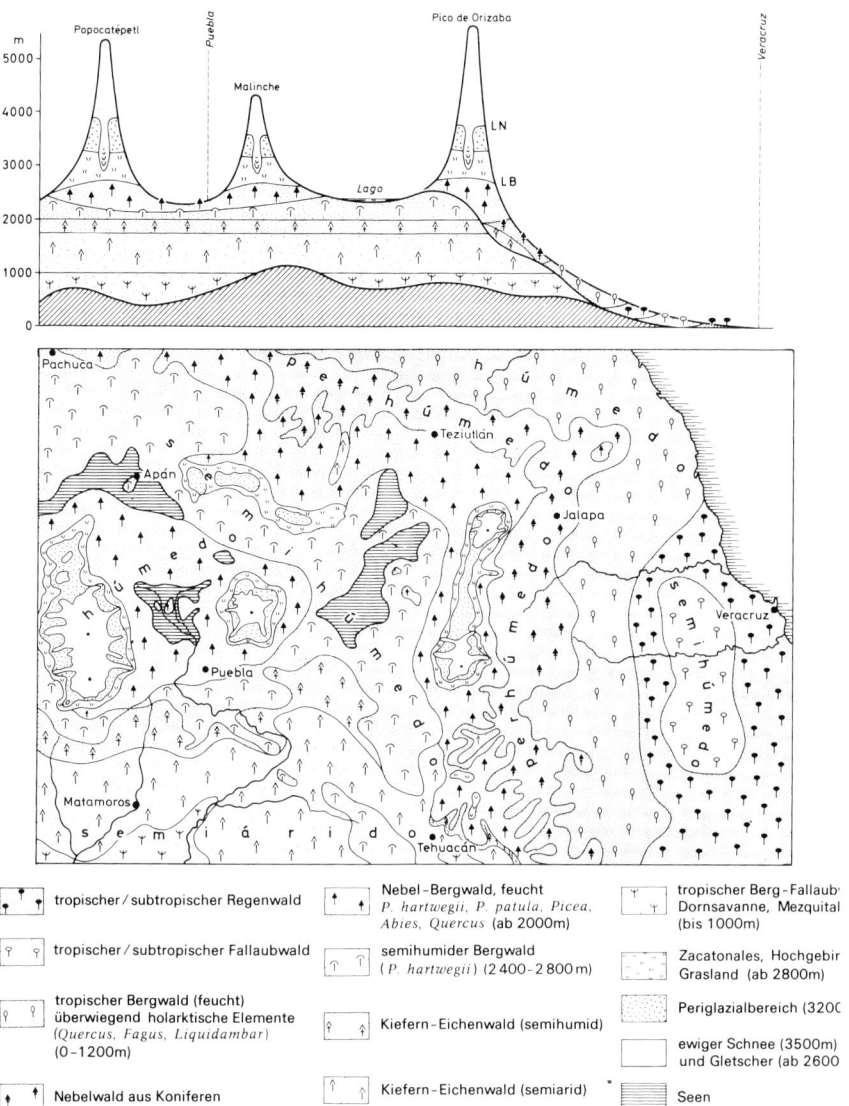

Fig. 13: Vermutetes Vegetationsbild während des Gletschervorstoßes M I (LN = Schneegrenze, LB = Waldgrenze)

da in dem trockenen, sonnenreichen Hochland ihre Existenz möglich geworden war. Hierzu gehören *Clethra* und *Oreopanax*. Ein Eichen-Mischwald mit Kiefern und einer reichhaltigen Palette borealer Laubhölzer, die heute nur an den feuchten Luvhängen des Abhanges vorkommen, verbreitete sich über die Hochfläche. *Liquidambar* erreichte um 8000 ein Maximum, *Alnus* kurz nach 8000, *Juglans* um 6500;

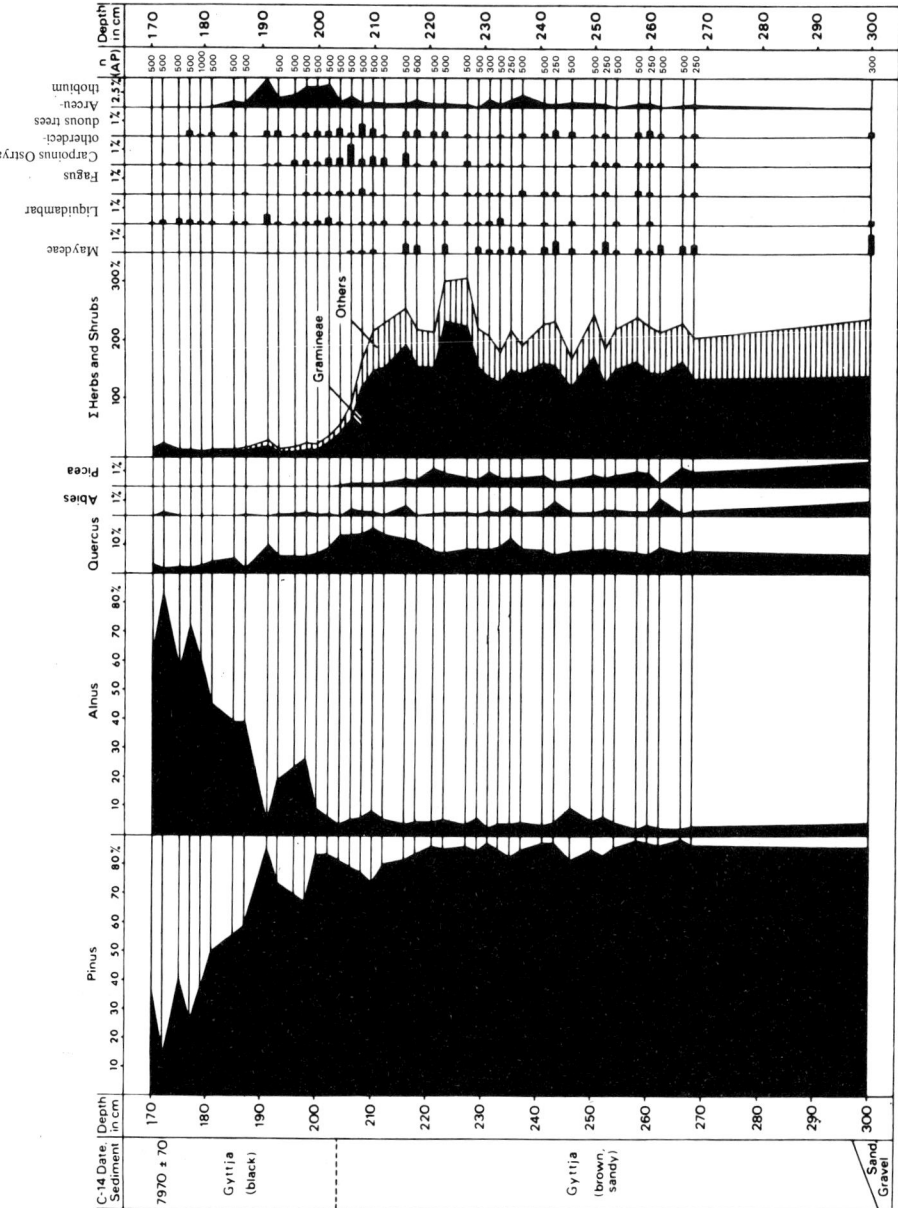

Fig. 14: Pollendiagramm aus dem Tlaloqua-Krater (3100 m NN) am Malinche Westhang (n. Heine/Ohngemach 1976)

höhere Pollenwerte wurden auch für *Carpinus, Ostrya, Ulmus, Celtis, Fraxinus* festgestellt. Die Waldstufen stiegen rasch in größere Höhen, die Waldgrenze lag schließlich bei 4300 m, die Schneegrenze bei 5200 und 5300 m. Malinche und Cofre de Perote wurden gletscherfrei, Popocatépetl, Ixtaccihuatl und Pico de Orizaba trugen nur noch schwache Schneekappen (Fig. 15 u. Tabelle 1 im Anhang).

Da aber offensichtlich feuchtere und trockenere Phasen im Klimaoptimum wechselten und spätestens um 5000 eine Trockenphase auftrat, sind seitdem viele boreale Laubwaldelemente sukzessive aus der Vegetation des Hochlandes wieder verschwunden. Lediglich *Liquidambar* und *Carpinus* bzw. *Ostrya* konnten sich weiter auf dem Hochland halten.

Andere feucht-kühle holarktische Pflanzen zogen sich am Ende des Klimaoptimums wieder über den Gebirgsrand an den Abhang zurück, da es auf der Hochfläche einerseits zu warm war, andererseits zum Teil zu trocken wurde. Am Abhang blieb aber im nebelnassen Klima das ökologische Milieu günstig für die mesophytische Laubwaldassoziation.

Am Abhang gelangten während des Klimaoptimum frostempfindliche tropische Florenelemente nunmehr in den holarktisch bestimmten Bergwald am östlichen Abhang. Sie haben sich seitdem bis heute im Unterwuchs halten können. Dazu mögen auch die zahlreichen Baumfarne gehören, die heute den Unterwuchs des Nebelbergwaldes prägen. Das Klimaoptimum leitete eine neue Phase der Kulturentwicklung ein (Tabelle im Anhang). Die Bewohner züchteten Nahrungspflanzen und wurden allmählich zu teilseßhaften Ackerbauern. Unter den Nahrungspflanzen wurde der Mais allmählich zur Leitpflanze des mexikanischen Kulturraumes überhaupt. Aus dem Tehuacan-Tal ist durch MacNeish der Nachweis früher Züchtung erbracht worden. Er datierte sie auf ca. 6–7000 Jahren v. h. (Foto 6 u. 7).

Es besteht bislang keine Einhelligkeit in der Beurteilung trockener und feuchter Phasen zur Zeit des Klimaoptimums. Für das Hochland des östlichen Mexiko gibt es ganz sicher während dieser Zeit eine oder mehrere Seenphasen mit Niederschlägen, die höher lagen als heute. Am Ende des Klimaoptimums war das Klima dann aber sicher trockener als heute. Vor allem in dieser Ausgangsepoche scheinen die mesophytischen Bergwaldelemente sich vom Hochland vollkommen zurückgezogen zu haben. Da gegen 3000 v. h. das Klima wieder erheblich kühler geworden war und wiederum ca. 2–3° unter dem heutigen Wert lag, hatte sich ein sehr einschneidender Vegetationswandel vollzogen im Sinne einer auffälligen Verarmung der Flora auf dem Hochland.

Den Zustand der Vegetationslandschaft nach der erneuten Kaltphase seit dem Maximum um ca. 3000 v. h. zeigt Fig. 16 zur Zeit des Moränenstadiums M IV kurz vor der Zeitenwende. Die Gletscher nahmen in einer feuchten Phase der Abkühlung wieder zu und verzeichneten selbst an der nunmehr wieder vergletscherten Malinche und am Cofre de Perote Moränenstände bei 3900 bis 4200 m NN (Fig. 11;

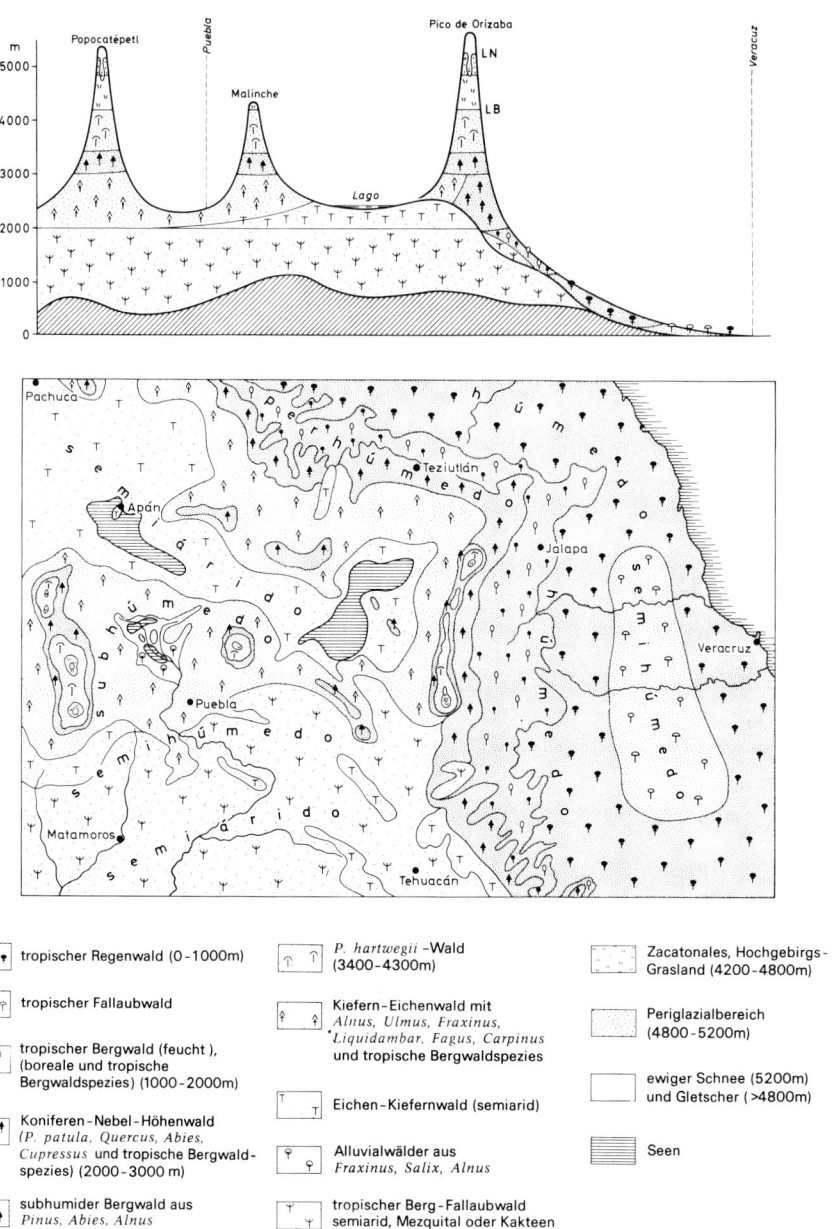

Fig. 15: Vermutetes Vegetationsbild während des Klimaoptimums (7000–5000 B.P.)

Klimawandel und Menschheitsgeschichte auf dem mexikanischen Hochland

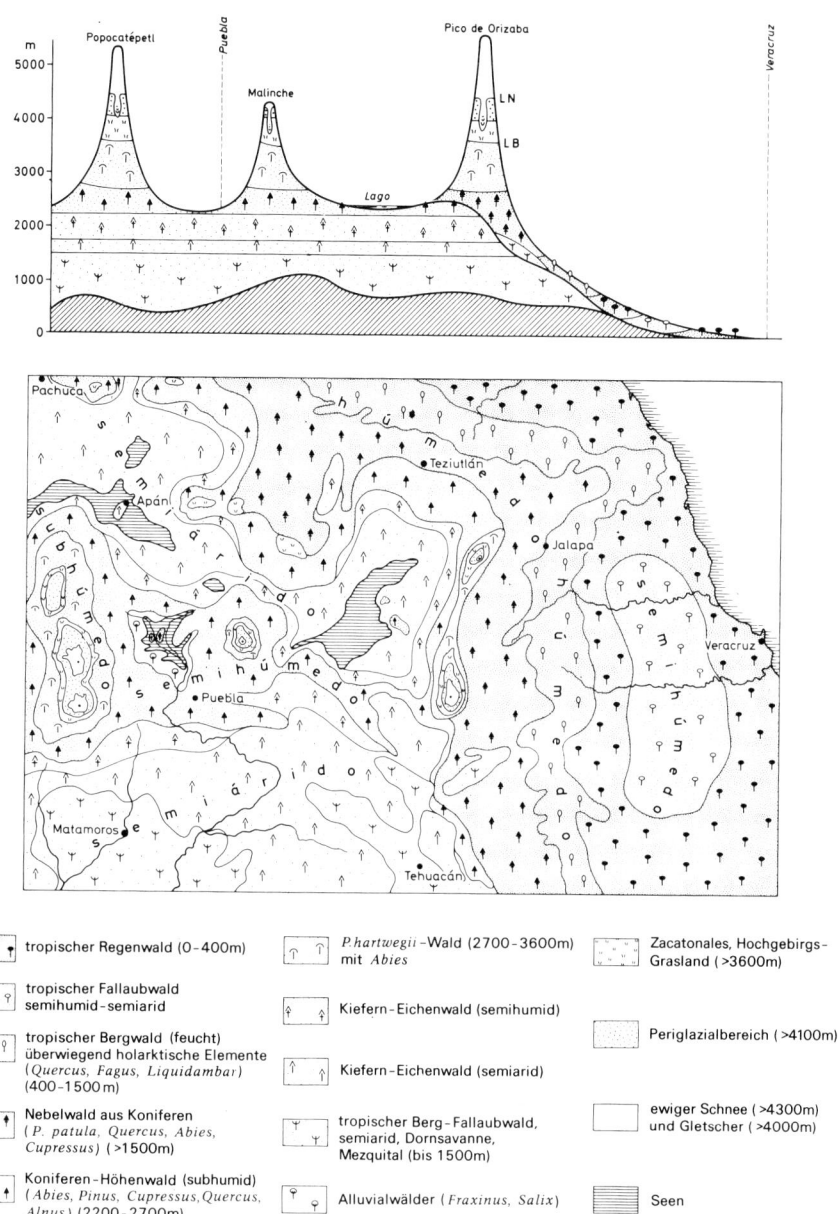

Fig. 16: Vermutetes Vegetationsbild während des Gletschervorstoßes M IV (ca. 3000–2000 B.P.)

Foto 8, Foto 9). An der Sierra Nevada reichten die Gletscher bis 3600/3700 m hinab. Die Wald- und Schneegrenzdepression betrug ca. 300 bis 500 m gegenüber dem heutigen Zustand, je nach Exposition. Vermutlich waren auch die Hochbecken von Apan und Oriental wieder seenerfüllt. Auch im Becken von Puebla überschwemmten Atoyac und Zahuapan die Ebenen.

Eine Verdrängung der wärmeliebenden Arten vom Hochland war die Folge der langen, kühlen Zeit. Lediglich an den Südhängen der großen Vulkane kommen heute in ökologischen Nischen Reliktstandorte tropisch-montaner Florenelemente vor. Andererseits sind bei günstigen Feuchtigkeitsverhältnissen im Kiefern-Eichenwald die Bedingungen für die Tannen recht vorteilhaft geworden.

Im Tal von Puebla muß daher nach den pollenanalytischen Befunden mit einem feuchteren Kiefern-Eichen-Tannenwald gerechnet werden, in dem die Tanne ihr Maximum erreicht. Sie ist Ausdruck höherer Feuchtigkeit zur Zeit des Gletschervorstoßes.

Da einerseits die wärmeliebenden Pflanzen zurückgegangen und andererseits während des Optimums – besonders in dessen Trockenphasen – die borealen und mesophytischen Elemente verschwunden sind, ist die Vegetation der Hochfläche und der Vulkanhänge im ganzen verarmt und bis heute von relativ einförmigen Beständen gekennzeichnet (Foto 10).

Das Klima wurde nach Christi Geburt trockener und wärmer und erreichte zwischen 900 und 1200 n. Chr. ein Optimum mit Temperaturen, die um 1–2° höher lagen als heute. Die Niederschläge waren im ganzen ebenfalls etwas höher als heute, doch dürfte der allgemeine Klimacharakter wegen der höheren Verdunstung allenfalls mit semihumid gekennzeichnet werden. Daher muß durchaus mit Höchstständen der Seen in den Becken von Apan und Oriental gerechnet werden, die denen des Texcoco-Sees entsprachen (ca. 1000 n. Chr.). Andererseits gab es Trockenphasen, die in die Feuchtphasen eingeschlossen waren (z. B. ca. um 700 n. Chr.), die auf das Landschaftsbild und auf die Völkerbewegungen in diesem Raume nicht ohne Einfluß waren (Garcia und Mosiño). Die Hochlandvegetation bestand aus *Quercus* und *Pinus*. Nach 1200 ging die Temperatur wieder zurück und leitete einen kleinen Moränenvorstoß (M V) ein, der seinen Höhepunkt nach Überschreiten der Kaltphase erst um 1700 n. Chr. erreichte. Zur Verarmung der Vegetation des Hochlandes dürfte die „kleine Eiszeit" zwischen 1600 und 1800 n. Chr. ebenfalls beigetragen haben. Dann münden die Klimabedingungen allmählich in die heutigen ein.

Die präspanischen Kulturepochen in der Region von Tlaxcala zwischen 1600 v. und 1500 n. Chr.

In Mexiko arbeitende Archäologen haben in den Hochkulturgebieten für die letzten 4000 Jahre Zeugen einer kontinuierlichen Besiedlung festgestellt. Durch die Archäologen des Mexiko-Projektes (Foto 11) konnte dies auch für den Raum Puebla-Tlaxcala bestätigt werden, doch mit einer spezifischen Entwicklung, die im folgenden im Zusammenhang mit der allgemeinen Landschaftsentwicklung dargelegt werden soll.

Das Gebiet von Puebla-Tlaxcala wurde durch mehrere Archäologen auf seine Fundsubstanz hin untersucht. Die Ergebnisse sind in zahlreichen Arbeiten niedergelegt. Einige Einzelgrabungen (Spranz, Aufdermauer, Walter) haben dabei ebenso wichtige Aufschlüsse ergeben wie die Oberflächenstudien der anderen Mitarbeiter (Tschohl, Walter, Schmidt) sowie besonders der mexikanischen Arbeitsgruppe des Projekts unter A. García Cook.

Für einen Vergleich zwischen Klima, Boden und der allgemeinen Kulturlandschaftsentwicklung war der Oberflächensurvey von A. García Cook am ergiebigsten. García Cook beging mit einer größeren Arbeitsgruppe systematisch den Raum von Tlaxcala, sammelte und klassifizierte nach einheitlichen Kriterien die Oberflächenfunde, wobei auch kleinere Grabungen ausgeführt wurden. Er hat für das ausgewiesene Gebiet von Tlaxcala sieben Siedlungsphasen zwischen 1600 v. Chr. und 1521 n. Chr. feststellen können (Fig. 8). Für die gleiche Zeit ließ sich, gestützt auf morphologische, bodenkundliche und pollenanalytische Befunde die Klimaentwicklung und die Veränderung der Landschaft im Zusammenhang mit dem Besiedlungsgang verknüpfend betrachten.

Aus Fig. 17 ist zu erkennen, daß es während der erforschten Zeitspanne zwei positive und zwei negative Phasen der Siedlungsentwicklung gegeben hat:

1. Während des gesamten Präklassikums, beginnend um die Mitte des 2. Jahrtausend v. Chr., nahmen die Siedlungsplätze sehr rasch zu trotz einer relativ kalten Klimaphase, die mit zunehmender Feuchtigkeit zwar zu einem Moränenvorstoß führt, aber für die Hochfläche auch günstige Anbaubedingungen schafft.

2. Eine zweite große Aktivitätsphase mit Ausbau der Siedlungen gibt es im älteren Postklassikum zwischen 700 und 1200 n. Chr. in einer Zeit, in der das Klima einem Optimum zustrebt mit Temperaturen, die im Durchschnitt um ca. 1° höher gelegen hatten als heute. Diese Epoche weist aber wechselnde Niederschlagsverhältnisse auf.

3. Zwischen den beiden stärkeren Ausbauphasen der Siedlungsentwicklung liegt im Klassikum zwischen ca. 0 und 700 n. Chr. eine Epoche, die García Cook als Zeit des Niedergangs oder doch wenigstens der Stagnation bezeichnet. Rafael Abascal, sein Mitarbeiter, ist der Auffassung, daß die Zahl der Siedlungen zwar nur schwach zunimmt, aber andererseits eine Verdichtung der Siedlungen in den Beckenzonen bei einem Ausbau der zeremoniellen Zentren auftritt. Die Siedlungen rücken auch in die Höhenbereiche vor. Er vermutet also eine Zweiteilung der Siedlungsentwicklung: einerseits eine Konzentration der Siedlungen in den Talungen und anderer-

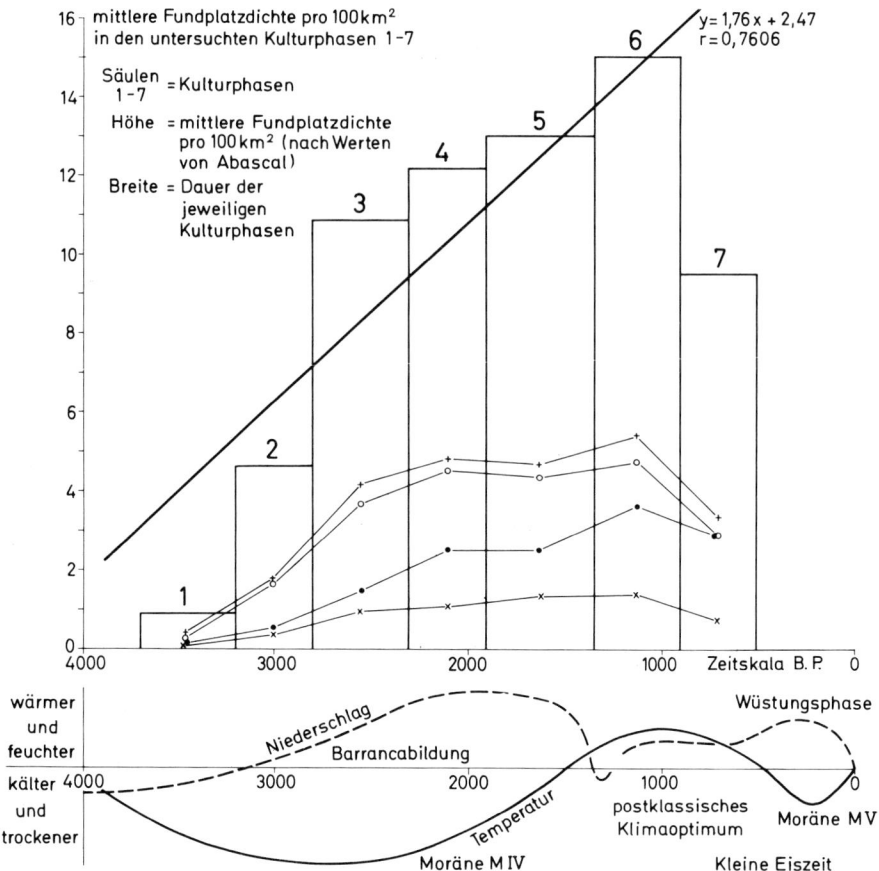

Fig. 17: Beziehung zwischen Klima und Entwicklung der Dichte bzw. der Typen vorspanischer Fundplätze in Tlaxcala (Angaben n. Abascal, 1976)

Legende:
Säulen 1-7: Kulturphasen
　　Höhe: mittlere Fundplatzdichte pro 100 qkm
　　Breite: Dauer der jeweiligen Kulturphase
　　+ Fundplätze mit Wohnplätzen und Kulturterrassen
　　○ Fundplätze mit Kulturterrassen
　　● Fundplätze mit einfacher Furchenbewässerung (Kanäle)
　　× Fundplätze mit Wasserreservoiren und intensivem Anbau, z. T. Furchenbewässerung („chinampas")
　　Klimakurven nach ^{14}C-Daten (vgl. Heine 1976-1978)
　　und Pollenanalyse (Straka/Ohngemach 1978)

seits eine Desintegration in Form von Streusiedlungen an den Hängen. Nach seiner Ansicht nimmt aber die Bevölkerungszahl während des Klassikums auch im Raume Tlaxcala zu, wie das Diagramm andeutet.

4. Nach der früh-postklassischen Ausbauphase tritt mit dem Kühlerwerden und Trocknerwerden des Klimas nach 1300 eine Niedergangsphase ein. Die Zahl der Siedlungsplätze geht vor allem in größeren Höhen oberhalb 2500 m rapide zurück, ein Vorgang, der sich nach Ankunft der Spanier aus anderen Gründen weiter fortsetzt.

Der Oberflächensurvey von Gracía Cook ermöglichte es, sieben Karten der Siedlungsverbreitung zu entwerfen, die einige Zusammenhänge zwischen Siedlungsverteilung und natürlichen Faktoren aufzeigen können (Beilagen 1–4 im Anhang).

Die Karten enthalten im oberen Teil in farblicher Abstufung die relative Siedlungsdichte in einem Quadratnetz, im unteren Teil die Siedlungsplätze in absoluter Zahl nach den Karten von Garcia Cook annähernd wirklichkeitsgetreu eingetragen. Die Anbau-Höhengrenze ist markiert. Sie schwankt je nach Klimaepoche. In Farben ist im unteren Teil der Karten die Bodengunst in fünf Stufen eingetragen in Anlehnung an die Bodenkarten von Aeppli, Werner und Miehlich. Bei genauem Studium stellt man fest, daß die Böden einen sehr engen Zusammenhang zur Verbreitung der Siedlungen haben. Für die Siedlungsdichte wurde ein Variabilitäts-Koeffizient errechnet, um die unterschiedliche Funddichte in den einzelnen Landschaften in verschiedenen Epochen charakterisieren zu können.

I. Für die Siedlungsphase I (Tzompantepec), 1600 bis 1200 v. Chr. sind durch Garcia Cook 17 Siedlungsstellen nachgewiesen worden. Der Schwerpunkt der Siedlungen befindet sich am unteren Rand des Blockes von Tlaxcala auf vorwiegend leichten vulkanischen Ascheböden (Barroböden) (Foto 12).

II. Die nächste Epoche zwischen 1200 und 800 v. Chr. (Phase II Tlatempa) kennt bereits 97 Siedlungsstellen. Aus dieser Zeit sind bereits Feldterrassen bekannt. Gräben an den Hängen könnten als erste Versuche gedeutet werden, die Bodenerosion aufzuhalten. Die Siedlungen bestehen zum Teil aus bis zu 100 Lehmhütten. Die Siedlungsschwerpunkte liegen an den Hängen des Blocks von Tlaxcala und der Ixtaccihuatl bzw. des Tlaloc auf gleichen Böden wie in der Siedlungsepoche I. Die Besiedlung war jedoch noch recht punkthaft.

III. Im späten Präklassikum zwischen 800 und 300 v. Chr. (Phase III Texoloc) setzt eine enorme Siedlungsausweitung ein. Es werden in dieser Epoche 269 Siedlungsstellen nachgewiesen. Die Bevölkerung muß also stark zugenommen haben. Es beginnt zugleich eine gewisse Konzentration. Auffällig ist eine Verfeinerung der Keramik (Foto 13). Kultbauten entstehen. Als frühes Zeugnis wurde durch den Archäologen Spranz das präklassische Alter der Pyramide von Totimehuacan (Foto 14) festgestellt und eine Wanne aus Basalt, datiert auf 545 v. Chr., in ihrem

Inneren entdeckt. Der Ackerbau erstreckt sich auf Mais, Bohnen und Chile als Hauptanbauprodukte. Erste Ansätze der Bewässerung sind nachgewiesen. Die Siedlungsausweitung folgt dem Atoyac- und dem Zahuapan-Fluß, überzieht aber auch die Nord- und Osthänge der Malinche. Siedlungsschwerpunkt bleibt der Block von Tlaxcala.

IV. Im Übergang vom Präklassikum zum Klassikum (Protoklassikum), in der Phase IV (Tezoquipan) zwischen 300 vor und 100 n. Chr., zeigt sich noch einmal ein stärkerer Anstieg der Siedlungsplätze auf 338. Trotz des kühlen Klimas werden Höhen nahe der Anbaugrenze in den Siedlungsraum einbezogen. Der sekundäre Schwerpunkt bleibt in den Talungen. Neue Räume werden nördlich von Apizaco und auf dem Block von Tlaxcala in Form von Streusiedlungen erschlossen. Die Wohnplätze sind räumlich relativ gleichmäßig verteilt ohne Bevorzugung bestimmter Böden. Sowohl die Barroböden als auch die Gleysole in den Tälern werden bewirtschaftet. Ein errechneter Variabilitätskoeffizient von 70 % bestätigt die relativ gleichmäßige Verbreitung der Siedlungen. Für das Untersuchungsgebiet ist diese Epoche ein Höhepunkt der eigenständigen Kulturentwicklung (Foto 15). In dieser Zeit erreicht auch die künstliche Bewässerung bereits verfeinerte Formen (Fig. 18).

V. Im Klassikum (Phase V Tenanyecac) von 100 bis 650 n. Chr. bleibt das Siedlungsbild im wesentlichen erhalten. Es findet eher ein Rückgang denn ein Ausbau statt. García Cook teilt nur noch 287 Siedlungsplätze mit. Bei Abascal ist eine schwache Zunahme angegeben. Erstaunlicherweise entvölkert sich der Raum um Huamantla am Nordosthang der Malinche. Es ist möglich, daß in dieser Zeit eine verstärkte Übersandung, durch Nordostwinde hervorgerufen, erfolgt ist. Ein voller Beweis für diese Auffassung steht jedoch noch aus. Der Variabilitätskoeffizient bleibt bei 72 % und spricht für eine relativ homogene Siedlungsverteilung in allen Naturräumen ebenso wie in Epoche IV.

Die Archäologen hegen die Vermutung, daß in dieser Zeit durch das Aufblühen von Teotihuacan im Becken von Mexiko sich der Kulturschwerpunkt aus dem Gebiet von Puebla-Tlaxcala in das Becken von Mexiko verlagert hat. Immerhin hat man ermittelt, daß die Stadtanlage eine Fläche von 28 km^2 umfaßt und man Teotihuacan deshalb als erste wirkliche Stadt im alten Amerika bezeichnen muß („der Ort, wo die Götter geboren wurden"). Gleichwohl ist auch Cholula in der klassischen Zeit ein städtisches Zentrum gewesen, dessen Stellung aber gerade während dieser Epoche im Verhältnis zu Teotihuacan noch nicht völlig charakterisiert und bewertet werden kann. Für den Raum Tlaxcala ist aber sicher der Prozeß einer Siedlungskonzentration nachgewiesen, verbunden mit einer Verfeinerung und Verbesserung der Landbaukultur. Bemerkenswert ist auch die große Zahl von Kultstätten. Die künstliche Bewässerung steht in voller Blüte (Fig. 18 u. Foto 16). Der Bau von Kanälen, ein Anbau auf Terrassen, ja sogar in Form der „Chinampas" sind nachgewiesen (Abascal) (Foto 17 u. 18). Fest steht auch, daß der Ausbau der Landeskultur an den Hängen nur in beschränktem Umfang nachgewiesen werden kann.

VI. Mit Beginn des Wärmeoptimums des Postklassikums, in der Phase VI Texalac von 650 bis 1100 n. Chr., erfolgt ein verstärkter Siedlungsausbau, mit starker Konzentration im Bereich der Achse Tlaxcala-Apizaco. Er betrifft sowohl die Ränder der feuchten Niederungen als auch die höhergelegenen Regionen des Blocks von Tlaxcala. Vulkanische Ascheböden von lehmigem Charakter mit äolisch angewehten schwachen Deckschichten werden bevorzugt. Sie eignen sich für die landwirtschaftliche Nutzung in dieser Zeit sehr gut.

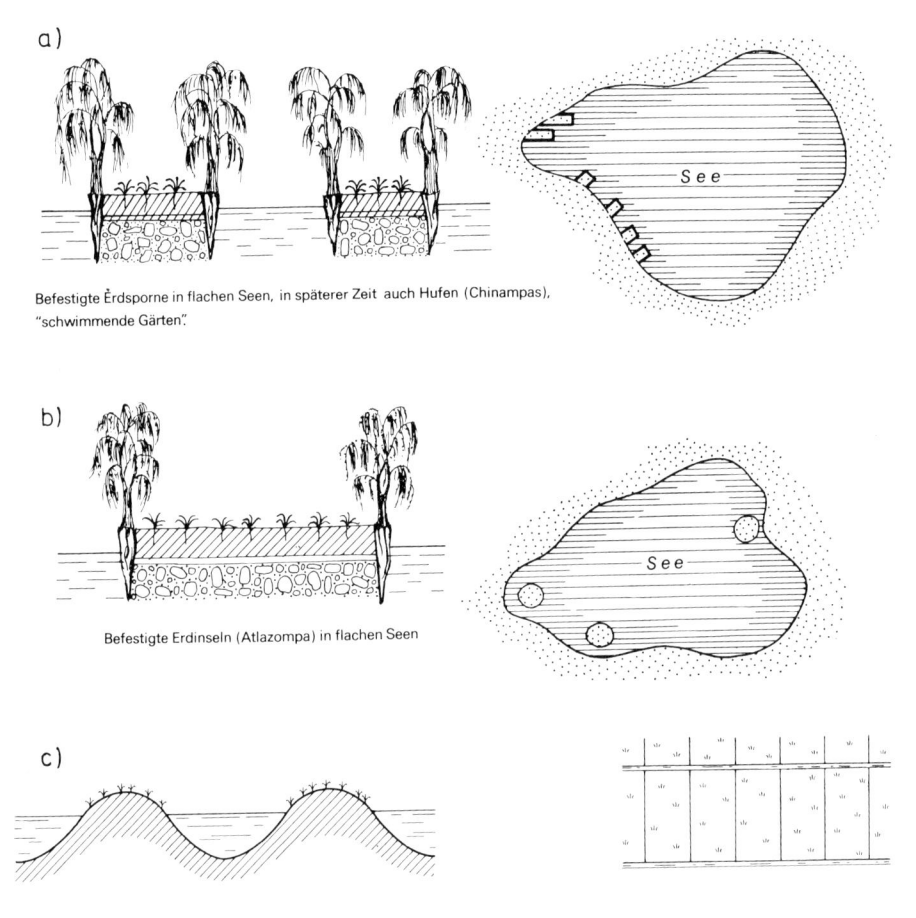

a) Befestigte Erdsporne in flachen Seen, in späterer Zeit auch Hufen (Chinampas), "schwimmende Gärten".

b) Befestigte Erdinseln (Atlazompa) in flachen Seen

c) Furchenbewässerung (Camellones) auf Flußterrassen und in sumpfigem Gelände   Planmäßig angelegte Felder mit Dränagesystem

Fig. 18 a–c: Typen von Bewässerungsanlagen seit dem späten Präklassikum (ca. ab 300 v. Chr. n. Abascal)

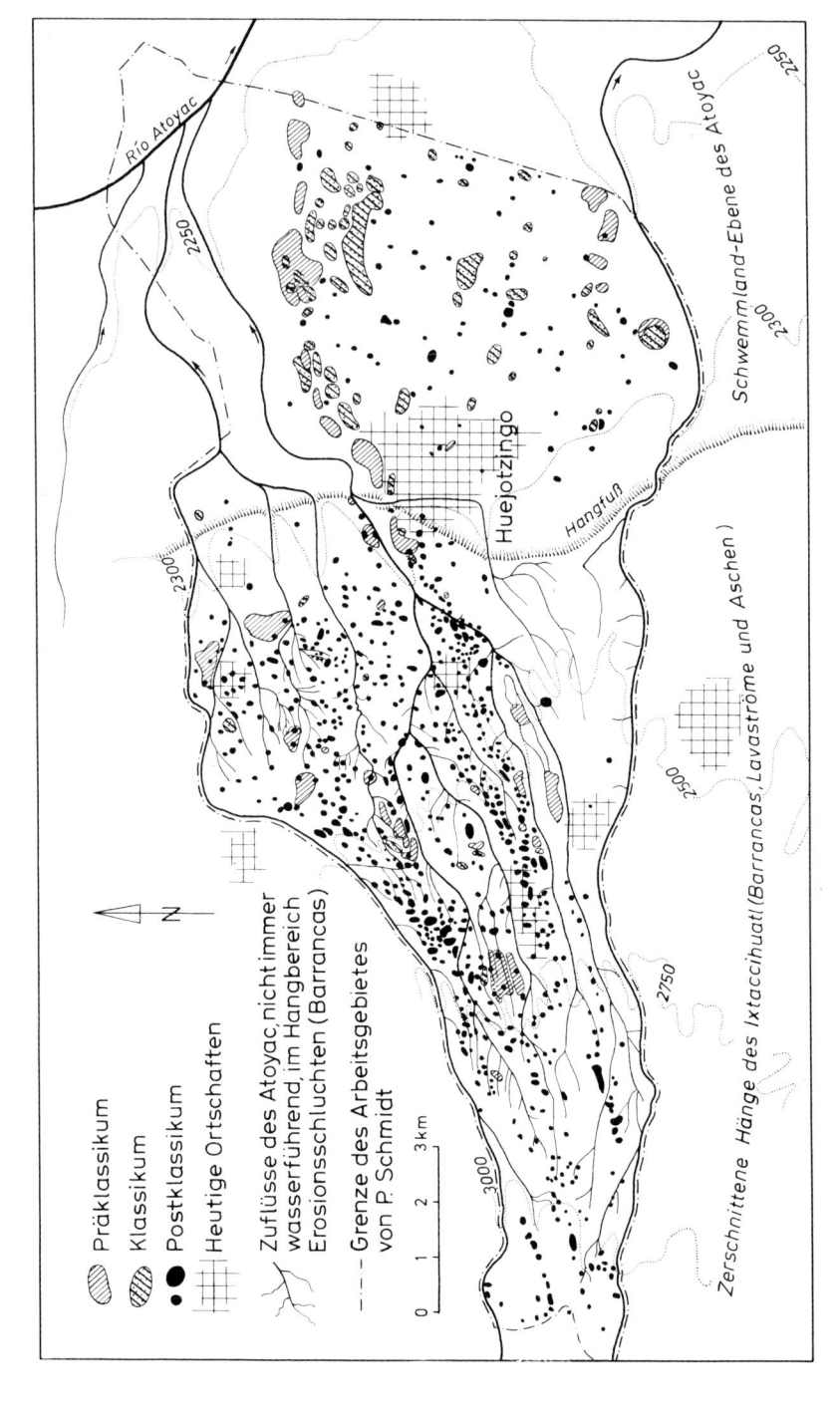

Fig. 19: Räumliche Verbreitung präklassischer, klassischer und postklassischer Fundplätze im Bereich von Huejotzingo an der Ostflanke des Ixtaccihuatl (n. Schmidt, 1979)

Siedlungsausbau erfolgt an der Ostabdachung der Sierra Nevada, wo durch wieder aufgefundene Fluren unter Wald und Bims-Aschen in Höhen über 2500 m der Nachweis auch einer postklassischen Ausbauperiode erbracht werden konnte (Foto 19). In der skizzenhaften Siedlungskarte des Archäologen P. Schmidt (Fig. 19) läßt sich sowohl die Konzentration während des Klassikums als auch die Dispersion der Siedlungen im Postklassikum deutlich erkennen. Mit diesem Ausbau setzt jedoch eine starke Erosion der Talflanken ein (Foto 20).

Neben diesem Ausbau ländlicher Streusiedlungen tritt eine Konzentration von größeren Siedlungen im Raum Tlaxcala-Apizaco auf (Foto 21), wo offensichtlich große Dörfer entstehen, meist auf fruchtbaren Böden. Die stärkere Entsiedlung um Huamantla macht das Siedlungsbild im ganzen aber inhomogener als in den beiden vergangenen Epochen. Hier werden offensichtlich die sandigen Böden mit Dünenbildung zunehmend gemieden. Es sind Räume mit starker Sand- und Staubanwehung an den Nordostabhängen der Malinche. Auf der Westseite verhindern Blockströme eine nennenswerte Aufsiedlung der Hänge. Der Variabilitätskoeffizient von 112 % bestätigt die Inhomogenität des Siedlungsbildes.

In der zentralen Talung lag eines der postklassischen Heiligtümer auf dem Xochitecatl, mitten in einer fruchtbaren Maisbaulandschaft (Foto 22). Hier haben die Archäologen reiche Funde machen können (Foto 23). Auf dem Nebenhügel Cacaxtla ist vor kurzem eine Palastanlage entdeckt worden. Die wertvollsten und zugleich aufsehenerregenden Funde sind Wandmalereien mit Kriegerszenen im Maya-Stil (Foto 24), die in die Zeit um 700 datiert werden.

VII. Relativ plötzlich setzt zwischen 1200 und 1300 in der Phase VII (Tlaxcala) ein merklicher Rückgang der Zahl der Siedlungsplätze ein. Die Bevölkerungsschwerpunkte bleiben noch immer im Bereich der Achse Tlaxcala-Apizaco. Es wird eine Reihe von Siedlungsplätzen an den Hängen der Ixtaccíhuatl und am Nordfuß der Malinche in Höhen über 2500 m und ihren gegenüberliegenden Hängen aufgegeben. Es muß für diese Zeit von einer „Wüstungsphase" gesprochen werden, die auch von den Ethnohistorikern durch Quellen- und Geländestudien nachgewiesen ist (Trautmann 1981). Die Anbaufläche geht zurück, Dörfer werden aufgegeben. Die Konzentration erfolgt an bestimmten Punkten. Der Variabilitätskoeffizient vergrößert sich und beträgt 125 %. Es ist bemerkenswert, daß die Wüstungsepoche nicht erst durch die spanische Eroberung eingeleitet wurde, sondern daß sie bereits im Bereich von Tlaxcala zwei Jahrhunderte vorher einsetzt. Klima und Bodenerosion dürften die Hauptrolle gespielt haben.

Klima, Bodenerosion und Siedlungsentwicklung im Hochland von Puebla-Tlaxcala

Angesichts dieser Befunde muß man die Frage stellen, ob nicht die Siedlungsausbau- und Rückzugsphasen sehr stark gekoppelt sind mit einer Veränderung der natürlichen Umweltbedingungen. Dabei muß untersucht werden, ob Ausbau- und Abbauphasen durch einen Klimawandel hervorgerufen wurden und/oder ob die starke Inspruchnahme des Bodens durch den Menschen bei einem bestimmten Klima zu diesen Veränderungen geführt hat, abgesehen von neuen sozio-ökonomischen Bedingungen, die nicht Gegenstand dieses Beitrags sind.

Bereits Sherburne Cook hatte 1949 die Zusammenhänge zwischen Bodenerosion und Besiedlungsdichte auch für den Raum Puebla-Tlaxcala festgestellt. Er vermutete, daß nicht erst durch den von den Spaniern eingeführten Pflugbau, sondern schon vor Cortez aufgrund des menschlichen Feldbaus tiefe Erosionsschluchten entstanden waren. Klaus Heine konnte dann im Rahmen des Projektes für die letzten 4000 Jahre zwei Perioden stärkerer morphogenetischer Aktivität nachweisen mit einer Erosion an den Hängen und Akkumulation in den Senken (Fig. 20). Der Nachweis konnte mit Hilfe der Archäologen auf der Basis von umgelagerten Artefakten in den „Barrancas" (Erosionsschluchten) erbracht werden. Danach begann die erste Barranca-Bildungsphase ca. 700 v. Chr. und dauerte bis zum Ende des Präklassikums ca. 100 n. Chr. In dieser Periode wird der im Klimaoptimum zwischen 6000 und 3000 v. Chr. entstandene Bodenhorizont wieder zerschnitten Fig. 21 u. Foto 25). Diese erste Phase der Barranca-Bildung findet also in den kühl-feuchten Klimaabschnitten der Moräne M IV statt und betrifft besonders die Hänge und die Beckengebiete des zentralen Hochlandes von Puebla. Im trockenen Süden, im Becken von Atlixco und Matamoros setzen diese Vorgänge erst um 300 v. Chr. ein (Heine).

Eine zweite stärkere Erosionsphase mit Barranca-Bildung tritt zwischen 700 und 1500 n. Chr. auf. In den Becken werden zugleich als Korrelate Sedimentationsdecken abgelagert. An den Hängen entwickeln sich die heute bereits sehr verbreiteten Tepetate- und Caliche-Böden mit Krusten. Von dieser zweiten Phase sind insbesondere die oberen Hänge, d. h. die höheren Gebiete auf dem Block von Tlaxcala und an der Ixtaccihuatl betroffen.

Bemerkenswert ist, daß für die Zeit zwischen 100 und 800 n. Chr. nur wenig Erosions- und Akkumulationsvorgänge nachzuweisen sind. In dieser Zeit der rückgehenden M IV-Vergletscherung, d. h. des Wiedererwärmens des Klimas, findet eher eine Bodenbildung statt.

Es läßt sich also feststellen, daß die erste Phase verstärkter Erosions- und Akkumulationstätigkeit in eine kalte, feuchte Zeit fällt zwischen 800 v. und 100 n. Chr. Die zweite Phase korrespondiert hingegen weitgehend mit der feucht-warmen Zeit des Klimaoptimums nach 800 n. Chr. und setzt sich verstärkt fort in der Wüstungs-

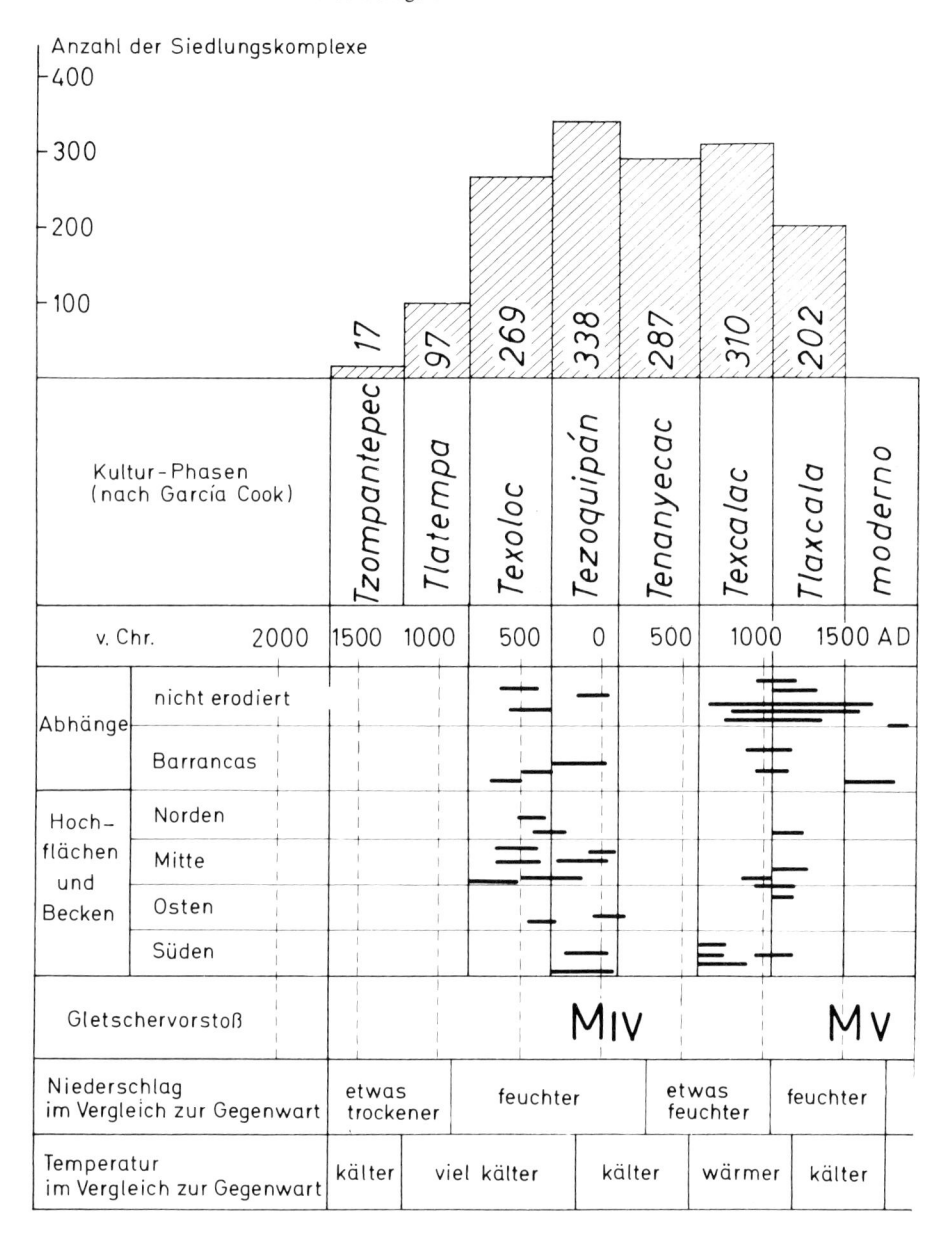

Klimawandel und Menschheitsgeschichte auf dem mexikanischen Hochland 41

Fig. 20: Zahl der Fundplätze in den verschiedenen vorspanischen Kulturphasen in Tlaxcala (n. A. García Cook, 1976) und vom Menschen verursachte morphogenetische Prozesse in den verschiedenen Regionen des Arbeitsgebietes (verändert nach Heine, 1976)

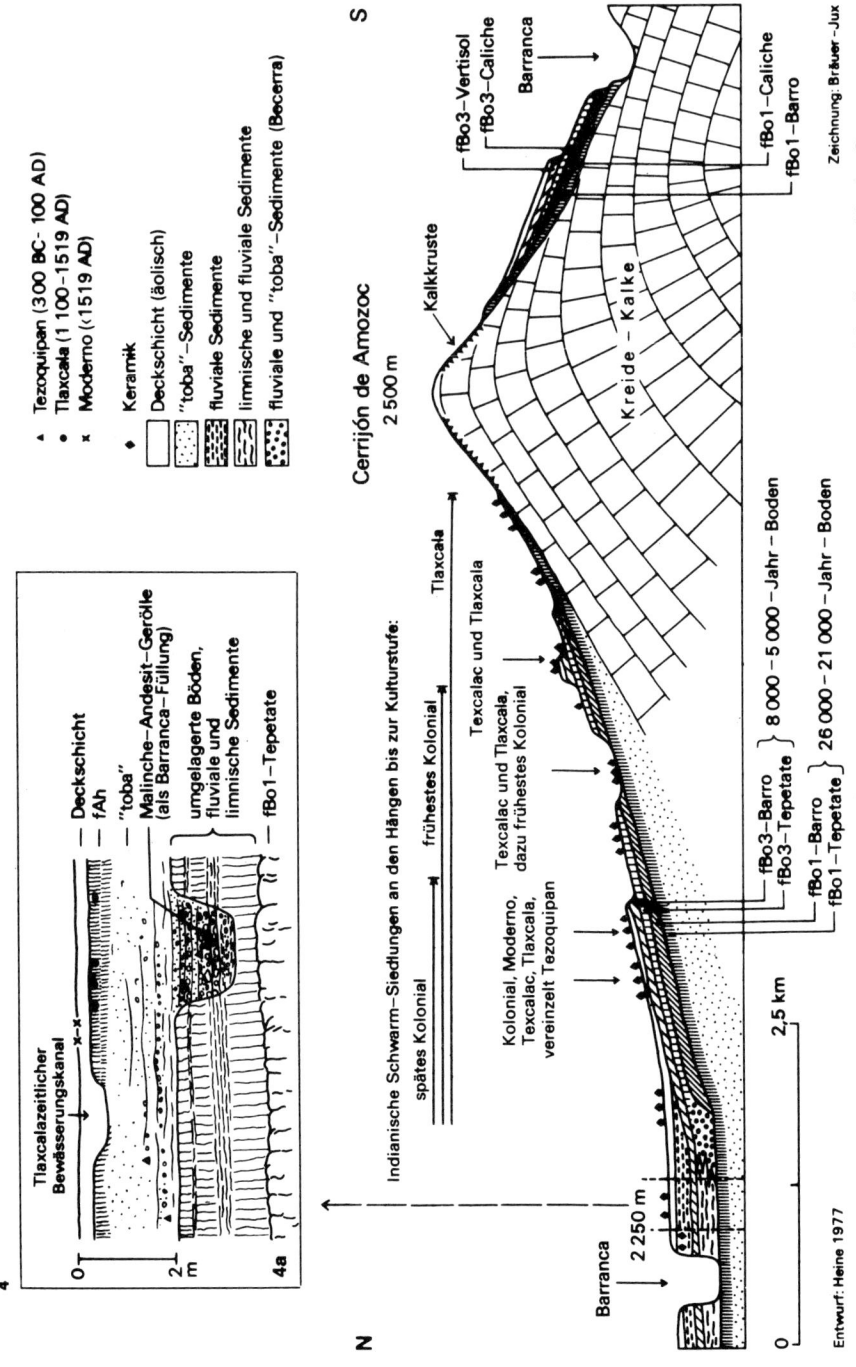

Fig. 21: Der Erosionsmechanismus (Barrancabildung) infolge menschlicher Rodetätigkeit im Präklassikum, Postklassikum und in der Gegenwart (aus Heine, 1978)

phase der Epoche Tlaxcala nach 1200 bis zur Kolonialzeit hin, in der es wieder kälter wird. Es scheint, daß vor allem das feuchte Klima den raschen Siedlungsausbau und den verstärkten Anbau förderte und damit die Erosionsvorgänge auslöste. Die Erosionsphasen korrespondieren zwar mit zwei verschieden temperierten Klimaphasen, doch waren offensichtlich beide feucht. K. Heine meint hierzu, daß die feuchten Klimaphasen mit einer Ausweitung des Anbaus gekoppelt sind, die trockenen mit einem Rückgang der Siedlungsdichte und des Anbaus einhergeht. Offensichtlich führt das feuchte Klima aber nur dann zu stärkeren Bodenzerstörungen, wenn die menschliche Aktivität vorwiegend auf Neulandrodung ohne gleichzeitige Melioration gerichtet ist.

Da für die klassische Zeit sich aus den klimatischen Gegebenheiten wenig Schlüsse für einen Rückgang der Erosionsvorgänge ziehen lassen, muß eher angenommen werden, daß die höherentwickelte Feldbautechnik mit verfeinerten Bewässerungssystemen sich vor allem auf die Niederungen konzentrierte, außerdem aber auch im Trockenfeld an den Hängen ein achtsamer Ackerbau betrieben wurde, zumal in dieser Epoche kein bemerkenswerter Siedlungsausbau an den Hängen erfolgte. Ob hierbei das Klima ein Gunstfaktor gewesen ist, kann nicht eindeutig entschieden werden.

Daß der sehr starke Siedlungsausbau im Postklassikum, einhergehend mit einem stärkeren Bevölkerungsdruck, die Erosion an den Hängen und die Akkumulation in den Niederungen wieder hat aufleben lassen, wird verständlich, wenn man der Klimageschichte entnimmt, daß feuchte und trockene Phasen bei durchschnittlich wärmerem Klima offensichtlich häufiger wechselten. Für diese Zeit ist erwiesen, daß die starke Rodetätigkeit vor allem auf dem Block von Tlaxcala zur Degradierung der Böden und zur Tepetate-Bildung geführt hat, die dort nach den heutigen Befunden weit verbreitet ist. Die Erosion verursachte eine großräumige Materialverlagerung von den Hängen in die Ebenen. Besonders die oberen Hangpartien unterhalb der Vulkane an den Grenzen der Besiedelbarkeit wurden stark zerschnitten. Dieser Zerschneidungsvorgang erfaßte dann in der folgenden Siedlungsperiode, der Wüstungsphase „Tlaxcala" nach 1300, auch die tieferliegenden Regionen (Foto 26).

Es hat sich auch gezeigt, daß alte Siedlungsplätze aus den Phasen III und IV für den Anbau in der Texalac-Periode nicht mehr benutzt wurden, da sie bereits irreparabel geschädigt waren. Die erneute Wüstungsphase, die in der Tlaxcala-Periode begann und sich in der frühen Kolonialperiode fortsetzte, hängt offensichtlich mit der Degradierung der Böden zusammen, die bis heute nicht mehr in Nutzung genommen werden konnten. Der Vorgang der Eingriffnahme hat sich in der Kolonialzeit, die hier nicht Gegenstand meines Beitrages ist, fortgesetzt. Der Zerstörungsvorgang nimmt dann im 20 Jh. exponentiell zu, als besonders nach dem zweiten

Weltkrieg die Wälder nahe der Siedlungsgrenze zerstört und damit die meist vulkanischen Lockersedimente abgespült werden (Foto 25).

Vergleicht man die Siedlungsentwicklungs- und Erosionsphasen im Zusammenhang mit Klima und Boden, so ist der Konnex zwischen den Siedlungsausbauphasen und den Erosionsphasen sehr eng. Man kann festhalten, daß seit seiner Seßhaftwerdung der Mensch verstärkt als Gestalter der Erde und damit auch als Verursacher neuer Oberflächenformen auftritt. Dadurch, daß sich durch Rodungen das Verhältnis von Wald und offenem Land gründlich wandelt, können klimatische Agenzien auf die Erdoberfläche direkter einwirken. Die tiefen Erosionseinschnitte, die sogenannten Barrancas, meist als kastenförmige Schluchten ausgebildet, sind im Raume Puebla-Tlaxcala ganz sicher anthropogene, morphologische Formen, die unter natürlichen Bedingungen nicht entstanden wären. Seit der Seßhaftwerdung des Menschen, wenigstens aber seit der Frühzeit eines umfangreicheren Ackerbaues, also vor ca. 3000 Jahren, hat der Mensch das landschaftliche Gleichgewicht gründlich geändert, indem er eine enorme Materialumschichtung verursachte. Sie war in den letzten 3000 Jahren menschlicher Einwirkung sicher genauso stark wie in den vorausgegangenen 30 000 Jahren.

Nach den Studien im Rahmen des Mexiko-Projektes ist das Klima und sein Wandel einerseits einer der Auslösefaktoren für den Kulturwandel; andererseits ist aber der Mensch selbst immer der wirkliche Träger des Kulturwandels gewesen. Alle Effekte gegenseitiger Beeinflussung bewirkten zugleich auch immer eine Störung des Gleichgewichtes Mensch-Umwelt, die den Gang der Geschichte immer wieder in andere Bahnen gelenkt hat. Durch die nicht zuletzt wegen der zunehmenden Bevölkerung notwendige verstärkte Rodetätigkeit und damit im Gefolge seinen Eingriff in den Naturhaushalt hat der Mensch auch in früheren Epochen bereits Rückkopplungsmechanismen eingeleitet, die ihn im Sinne eines kybernetischen Systems oder auch nur im Sinne von Toynbees „challenge and response" zum Gestalter der Landschaft und zum Veränderer seiner Umwelt machen. Der Mensch selbst ist es, der im Zusammenhang mit dem klimatischen Geschehen seine eigenen Landnahmen, seine Landaufgaben, seine Wanderungen, seine Dispersion und Konzentration im Raume hervorrief. Er provoziert seine eigenen Bevölkerungszunahmen und Bevölkerungsabnahmen und löst damit Perioden stetiger Seßhaftigkeit und ebenso Perioden unsteter Mobilität aus. Nicht immer müssen Kulturumbrüche primär kriegerischer Natur sein.

Puebla-Tlaxcala ist ein Beispiel für eine rasche Folge von Phasen der Mobilität und des Beharrens, der Blüte und der Dekadenz. In einem solchen randtropischen Trockengebiet, wie es die Region Puebla-Tlaxcala darstellt, sind die klimatischen Bedingungen mit verantwortlich, daß sich der Raum labil verhält und starke Interferenzen zwischen Natur und Mensch stattfinden. Puebla-Tlaxcala ist ein Raum, der sehr rasch auf Klimaänderungen und damit auch auf Angriffe von seiten des Menschen reagiert, ein Raum im Übergang von trockenen und feuchten Klimabedingungen nahe der kritischen Trockengrenze.

Auf die Gegenwart projiziert, kann man die Prognose wagen, daß diese Region keine Reserven hat, ihre irreparablen Schäden, die ihr im Laufe der Geschichte durch seine Bewohner wegen der Nichtbeachtung ökoklimatischer Vorgänge zugefügt worden sind, wieder zu regenerieren. Nicht einmal eine günstigere Klimaphase, wie die gegenwärtige, kann Anlaß dazu bieten, die zerstörte Landschaft wieder herzustellen.

Literaturangaben

Abascal, R. u. A. García Cook (1975): Sistemas de cultivo, riego y control de agua en el área de Tlaxcala. Sociedad Mexicana de Antropología, XIII mesa redonda, Xalapa, sept. 9-15 de 1973, Arqueología I, p. 199-212, México.

Abascal, R. et alii (1976): La arqueología del sur-oeste de Tlaxcala. Supl. Comunicaciones Proy. Puebla-Tlaxcala II. Puebla.

Aeppli, H. (1973): Barroböden und Tepetate. Untersuchungen zur Bodenbildung in vulkanischen Aschen unter wechselfeuchtem gemäßigten Klima im zentralen Hochland von Mexiko. Diss. Univ. Gießen.

Aeppli, H. y E. Schönhals: Les Suelos de la Cuenca de Puebla-Tlaxcala. Wiesbaden 1975.

Armenta, J. (1959): Hallazgo de un Artefacto asociado con Mamut en el Valle de Puebla. - Dir. Prehist., INAH, 7, p. 1-30, México.

Bloomfield, K. u. Valastro, S. (1974): Late Pleistocene Eruptive History of Nevado de Toluca Volcano, Central Mexico. - Bull. Geol. Soc. Amer., 85, Washington, p. 901-900.

Bradbury, J. P. (1970): Diatoms from the Pleistocene Sediments of Lake Texcoco, Mexico. - Rev. Géogr. phys. Géol. dyn. XII, Paris, p. 161-168.

Bryan, A. L. (ed.) (1978): Early Man in America from a circumpazific perspective. Occ. Paper No. 1, Dept. of Anthropology, Univ. of Alberta, Edmonton, Canada.

Bryan, K. (1948): Los suelos complejos y fósiles de la altiplanicie de México, en relación a los cambios climáticos. - Bol. Soc. Geol. Mex., XIII, Mexico, p. 1-20.

Byers, D. S. (1967): The Prehistory of the Tehuacán Valley, I, Austin, Tex., p. 1-331.

Claiborne, R. (1973): Die Besiedlung Amerikas. Rowohlt Reinbek b. Hamburg.

Clisby, K. H. u. P. B. Sears (1955): Palynology in Southern North America, Part III: Microfossil profiles under Mexico City correlated with the sedimentary profiles. - Bull. geol. Soc. Amer., 66, Washington D. C., p. 511-520.

Cook, S. F.: (1949): Soil erosion and population in Central Mexico. Ibero-Americana, 34, Univ. of Calif. Press. Berkeley and Los Angeles 1949.

Culbert, P. T. (1977): The classic Maya collapse. School of American Research Book, University of New Mexico Press.

Dansgaard, A. F. W. (1977): Klima, is og samfund - Inlandsisen indeholder Verdens bedste klima-registrering, Naturens Verden, p. 17-36.

Dávila, C. P. (1973): La fase Tezoquipan (Protoclásico) de Tlaxcala. - Soc. Mex. Antrop., XIII mesa redonda, Xalapa, sept. 9-15 de 1973, Arqueología I, p. 107-115, México.

Dávila, P. (1974): Cuauhtinchan, estudio arqueológico de un área. México. TESIS INAH.

De Terra, H., H. Romero u. T. D. Stewart (1949): Tepexpan Man. - Viking Fund Publ. in Anthropology, 11, New York, 160 pp.

Flannery, K. V. C. (1967): Vertebrate Fauna and Hunting Patterns. - in: Byres, D. S. (ed.): Prehistory of the Tehuacán Valley, I, Austin, Tex., p. 132-177.

Foreman, F. (1955): Palynology in southern North America, Part II: Study of two cores from lake sediments of the Mexico City basin. - Bull. geol. Soc. Amer., 66, New York, p. 475-510.

Garcia Cook, A. (1974): Una sequencia cultural para Tlaxcala. – Comunicaciones 10, Puebla, Mexico, p. 5–22.

García Cook, A. (1976): Fronteras culturales en el area Tlaxcala-Puebla. XIV mesa redonda, Tegucigalpa, Honduras, junio 23–28 de 1975, p. 69–93. México.

García Cook, A. (1976): El Proyecto Arqueológico de Puebla-Tlaxcala, Supl. Comunicaciones III Proyecto Puebla-Tlaxcala, Puebla, México.

Garía Cook, A. (1976); El desarrollo cultural en el norte del valle poblano: Departamento de Monumentos Prehispánicos, Serie: Arqueología 1 (INAH), México.

Girard, R. (1977): Origen y desarrollo de las civilizaciones antiguas de America. México.

Gonzalez Quintero, L. (1971): Pollen Sequence of Tlapacoya (Late Pleistocene, México). – IIIrd intern. palynol. Conf., (Abstr.) Novosibirsk.

Heine, K. (1973): Zur Glazialmorphologie und präkeramischen Archäologie des mexikanischen Hochlandes während des Spätglazials (Wisconsin) und Holozäns. Erdkunde, Bd. 27, Bonn, p. 161–180.

Heine, K. (1973): Die jungpleistozänen und holozänen Gletschervorstöße am Malinche-Vulkan, Mexiko. Eiszeitalter und Gegenwart, Bd. 23/24, p. 46–62.

Heine, K. (1974): Sobre la Disposición y Antiquedad de las Terrazas de la Ladera Poniente del Cerro Xochitécatl, Tlaxcala (México). – Comunicaciones 11, Puebla, p. 5–6.

Heine, K. (1975): Studien zur jungquartären Glazialmorphologie mexikanischer Vulkane – mit einem Ausblick auf die Klimaentwicklung. – Das Mexiko-Projekt der Deutschen Forschungsgemeinschaft VII, Wiesbaden, p. 1–178.

Heine, K. (1976): Blockgletscher- und Blockzungen-Generationen am Nevado de Toluca, Mexico. Die Erde, Heft 4, Berlin, p. 330–352.

Heine, K. (1976): Schneegrenzdepressionen, Klimaentwicklung, Bodenerosion und Mensch im zentralmexikanischen Hochland im jüngeren Pleistozän und Holozän. Z. Geomorph. N. F., Suppl.-Bd. 24, p. 160–176.

Heine, K. u. D. Ohngemach (1976): Die Pleistozän/Holozän-Grenze in Mexiko. Münster. Forsch. Geol. Paläont., H. 38/39, p. 229–251.

Heine, K. (1977): Mensch und geomorphodynamische Prozesse in Raum und Zeit im randtropischen Hochbecken von Puebla-Tlaxcala, Mexiko. Tagungsber. und wiss. Abhandl., 41. Dt. Geogr.-Tag Mainz, 1977, Wiesbaden.

Heine, K. (1978): Neue Beobachtungen zur Chronostratigraphie der mittelwisconsinzeitlichen Vergletscherungen und Böden mexikanischer Vulkane. In: Eiszeitalter und Gegenwart, 28, pp. 139–147, Öhringen.

Impact Team: The weather conspiracy, New York 1977.

Jaeger, F. (1926): Forschungen über das diluviale Klima in Mexiko. Pet. Mitt. Erg.-H. 190.

Kern, H. (1973): Estudios geográficos sobre residuos de poblados y campos en el valle de Puebla-Tlaxcala. Comunicaciones 7, Proy. Puebla-Tlaxcala, Puebla, México, p. 73–76.

Kirchhoff, P. (1943): Mesoamérica. Acta Americana, Vol. II

Klaus, D. (1973): Die eiszeitlichen und nacheiszeitlichen Klimaschwankungen im zentralmexikanischen Hochland und ihre Ursachen. Erdkunde, Bd. 27, p. 180–192.

Klaus, D. (1973): Las fluctuationes del clima en el valle de Puebla-Tlaxcala. Comunicaciones 7, Proy. Puebla-Tlaxcala, Puebla, México, p. 59–62.

Klaus, D. (1976): Niederschlagsgenese und Niederschlagsverteilung im Hochbecken von Puebla-Tlaxcala. Ein Beitrag zur Klimatologie einer randtropischen Gebirgsregion. Bonner Geogr. Abh., Bonn.

Klink, H.-J. (1973): Die natürliche Vegetation und ihre räumliche Ordnung im Puebla-Tlaxcala-Gebiet (Mexico). Erdkunde, Bd. 27, Bonn, pp. 213–225.

Klink, H.-J., Lauer, W. u. H. Ern (1973): Erläuterungen zur Vegetationskarte 1 : 200 000 des Puebla-Tlaxcala-Gebietes. Erdkunde, Bd. 27, Bonn, pp. 225–229.

Krickeberg, W. (1971): Altmexikanische Kulturen. Berlin.

Lauer, W. (1973): Zusammenhänge zwischen Klima und Vegetation am Ostabfall der mexikanischen Meseta. Erdkunde, Bd. 27, Bonn, p. 192–213.

Lauer, W. (1973): Problemas climato-ecológicos de la vegetación de la región montañosa oriental mexicana. Comunicaciones 7, Proy. Puebla-Tlaxcala, Puebla, México.

Lauer, W. (1978): Ökologische Klimatypen am Ostabfall der mexikanischen Meseta. Erläuterungen zu einer Klimakarte 1 : 500 000. Erdkunde, Bd. 32, Bonn.

Lauer, W. u. P. Frankenberg (1978): Untersuchungen zur Ökoklimatologie des östlichen Mexiko. Erläuterungen zu einer Klimakarte 1 : 500 000. Coll. Geogr., Bd. 13, Bonn.

Lauer, W. u. D. Klaus (1975): The thermal circulation of the central Mexican meseta region within influence of the trade winds. Arch. Met. Geoph. Biokl., Serie B, 23/4, Wien, p. 343–366.

Lauer, W. u. D. Klaus (1975): Geoecological investigations on the timberline of Pico de Orizaba. Arctic and Alpine Research, 7/4, Boulder (Colorado), p. 315–330.

Lauer, W. u. E. Stiehl (1973): Hygrothermische Klimatypen im Raum Puebla-Tlaxcala (Mexico). Erdkunde, Bd. 27, Bonn, pp. 230–234.

Lorenzo, J. L. (1964): Los glaciares de México. Monografías del Instituto de Geofísica, 1, UNAM.

Lorenzo, J. L. (1967): La etapa lítica en México. – Dept. Prehist., INAH, 20. Mexiko, p. 1–49.

Lorenzo, J. L. (1969): Condiciones periglaciares de las altas montañas de México. Paleoecología, 4, INAH.

Lorenzo, J. L. (1974): Las glaciaciones del pleistoceno superior en México. Estudios dedicados a Luis Pericot, pp. 385–410, Barcelona 1974.

Lorenzo, J. L. (1975): Los primeros pobladores. In: Del Nomadismo a los centros ceremoniales. Sep/INAH. Depto. de Investigaciones Históricas, pp. 15–59.

Lorenzo, J. L. (1978): Early man research in the American hemisphere: Appraisal and perspectives. In: Early Man in America, Ed. A. L. Bryan. Occ. Paper, No. 1, Dept. of Anthropology, Univ. of Alberta, Edmonton, Canada.

Malde, H. E. (o.J.): La Malinche Volcanic ash stratigraphy (Manuskript).

Malde, H. E. (1968): Volcanic ash stratigraphy at Valsequillo Sites and La Malinche Volcano, Puebla, (Mexico) Geologic. Soc. Am. Program with Abstracts 1968 Annual Meeting, Mexico City, Mexico.

Mangelsdorf, P. C., R. S. MacNeish und W. C. Gallinat (1967): Prehistoric wild and cultivated maize. In: Prehistory of the Tehuacan-Valley. Vol. 1, pp. 178–200 (Univ. of Texas Press, Austin, 1967).

Miehlich, G. et alii (1980): Los suelos de la Sierra Nevada de México. Supl. Comunicaciones VII, Proy. Puebla-Tlaxcala, Puebla, México.

Mooser, F. H. (1967): Tefrocronología de la Cuenca de México para los últimos treinta mil años. Bol. INAH, 30, p. 12–15.

Niederberger, Chr. (1979): Early sedentary economy in the basin of Mexico. Science, 12. 1. 1979. Vol. 203, No. 4376. p. 131–142.

Ohngemach, D. u. H. Straka (1978): La historia de la vegetación en la región de Puebla-Tlaxcala durante el cuaternario tardío. Comunicaciones 15, Proy. Puebla-Tlaxcala, Puebla, México.

Piña Chan, R. (1960): Mesoamérica, ensayo histórico cultural. Memorias VI, INAH, México.

Rzedowski, J. (1975): An ecological and phytogeographical analysis of the grasslands of Mexico. Taxon, 24, Utrecht, p. 67–80.

Sanders, W. T. u. B. J. Price (1968): Ibero-America – The evolution of a civilization. New York.

Sauer, C. O. (1944): Early man in America. Geographical Review, pp. 529–573.

Sauer, C. O. (1963): Land and life – a selection from the writings of Carl Ortwin Sauer. Ed. John Leighly, Berkeley, 1963 VI.
Schmidt, P. (1977): Los cambios de período en el área de Huejotzingo, Puebla. Algunas observaciones sobre la arqueología de una región rural. Ponencia, XV mesa redonda, Sociedad Mexicana de Antropología, Guanajuato (Manuskript).
Schmidt, P. (1979): Investigaciones arqueológicas en la región de Huejotzingo, Puebla. Resumen de los trabajos del Proyecto Arqueológico Huejotzingo. Comunicaciones 16, Proy. Puebla-Tlaxcala, Puebla, México, p. 169–182.
Sears, P. B. (1952): Palynology in Southern North America, Part I: Archeological horizons in the basins of Mexico. Bull. Geol. Soc. Amer., 63, Washington, D. C., p. 241–254.
Sidrys, R. u. Berger, R. (1979): Lowland Maya radiocarbon datas and the classic Maya Collapse. Nature, Vol. 277, 25. 1. 1979, p. 269–274.
Spranz, B. (1970): Die Pyramiden von Totimehuacán, Puebla (Mex.). Das Mexiko-Projekt der Deutschen Forschungsgemeinschaft, Bd. II, Steiner Verlag, Wiesbaden.
Spranz, B., D. E. Dumond u. P. P. Hilbert (1978): Die Pyramiden vom Cerro Xochitecatl, Tlaxcala (Mex.). Das Mexiko-Projekt der Deutschen Forschungsgemeinschaft, Band XII, Wiesbaden.
Tolstoy, P. (1958): Surface survey of the northern valley of Mexico: The classic and post-classic periods. The American Philosophical Society Philadelphia.
Trautmann, W. (1981): Las transformaciones en el paijaje cultural de Tlaxcala durante la época colonial. Das Mexiko-Projekt der Deutschen Forschungsgemeinschaft, Band 17 (im Druck).
Tschohl, P. u. H. J. Nickel (1972/1978): Catálogo arqueológico y etnohistórico de Puebla-Tlaxcala, México. Tomo 1, Edición Preliminar A–C, Köln/Freiburg i. Br: 1972; Tomo 2, Edición Preliminar Ch–O, Köln/Freiburg i. Br. 1978.
Vaillant, G. C. (1977): La civilización Azteca. Mexico.
Walter, H. (1970): Informe preliminar sobre una excavación realizada en el sitio preclásico de San Francisco Acatepec, Puebla. Comunicaciones 1, Proy. Puebla-Tlaxcala, Puebla, México, p. 25–30.
Werner, G. et alii (1978): Los suelos de la cuenca alta de Puebla-Tlaxcala y sus alrededores. Supl. Comunicaciones VI, Proy. Puebla-Tlaxcala, Puebla, México.
West, R. (Ed.) (1964): Natural environment and early cultures. Hb. of Middle Amer. Indians, Vo. 1, Austin, Texas.
Weyl, R. et alii (1977): Geologie des Hochbeckens von Puebla-Tlaxcala und seine Umgebung. Das Mexiko-Projekt der Deutschen Forschungsgemeinschaft, Bd. XI, Steiner Verlag, Wiesbaden.
White, S. E. (1962): El Iztaccíhuatl. Acontecimientos volcánicos y geomorfológicos en el lado oeste durente el Pleistoceno superior. Investigaciones 6, INAH, México.
Wolf, E. R. (Ed.) (1976): The valley of Mexico. Studies in Pre-Hispanic Ecology and Society. Oxford (New Mexico Press).

Liste der Beilagen

Beilage 1: Karte 1 Verbreitung der Fundplätze in der Phase Tzompantepec
            Karte 2 Verbreitung der Fundplätze in der Phase Tlatempa
Beilage 2: Karte 3 Verbreitung der Fundplätze in der Phase Texoloc
            Karte 4 Verbreitung der Fundplätze in der Phase Tezoquipan
Beilage 3: Karte 5 Verbreitung der Fundplätze in der Phase Tenanyecac
            Karte 6 Verbreitung der Fundplätze in der Phase Texalac
Beilage 4: Karte 7 Verbreitung der Fundplätze in der Phase Tlaxcala
Beilage 5: Tabelle 1 Die nacheiszeitliche Entwicklung im Gebiet von Puebla-Tlaxcala (Mexico)

TAFEL 1

Foto 1: Die Pyramidenanlage von Cholula. Ihr Inneres ist nur durch eine Stollengrabung teilweise bekannt. An den Rändern haben Ausgrabungen Teile frei gelegt. Cholula ist die einzige Pyramidenanlage, die seit dem Präklassikum kontinuierlich als Kultzentrum in Funktion war. (Lauer, 1978)

Foto 2: Der schachbrettförmige Stadtkern von Puebla mit Kathedrale und Plaza (Lauer, 1978)

TAFEL II

Foto 3: Das Hochtal von Puebla-Tlaxcala im Bereich der Atoyac-Flußebene. Auf regelmäßigen und gerichteten, zum Teil bewässerten Feldfluren wird hauptsächlich Mais angebaut (Lauer, 1969)

Foto 4: M III-Moräne, abgelagert vor ca. 10 000 Jahren, am Nordhang des Ixtaccihuatl (Miehlich, 1975)

TAFEL III

Foto 5: Vergletscherte Vulkanruine des Ixtaccihuatl (5286 m NN) von Südwesten. Waldgrenze 4100 m, Schneegrenze 5000 m und Talzüge mit glazialem Formenschatz sind zu erkennen (Luftfoto käuflich)

TAFEL IV

Foto 6: Höhle von Coxcatlan (Tehuacán). In den „Küchenabfällen" der frühen Bewohner wurden älteste Zeugen des gezüchteten Maises entdeckt, der in das 6. Jahrtausend v. h. datiert wurde (Lauer, 1962)

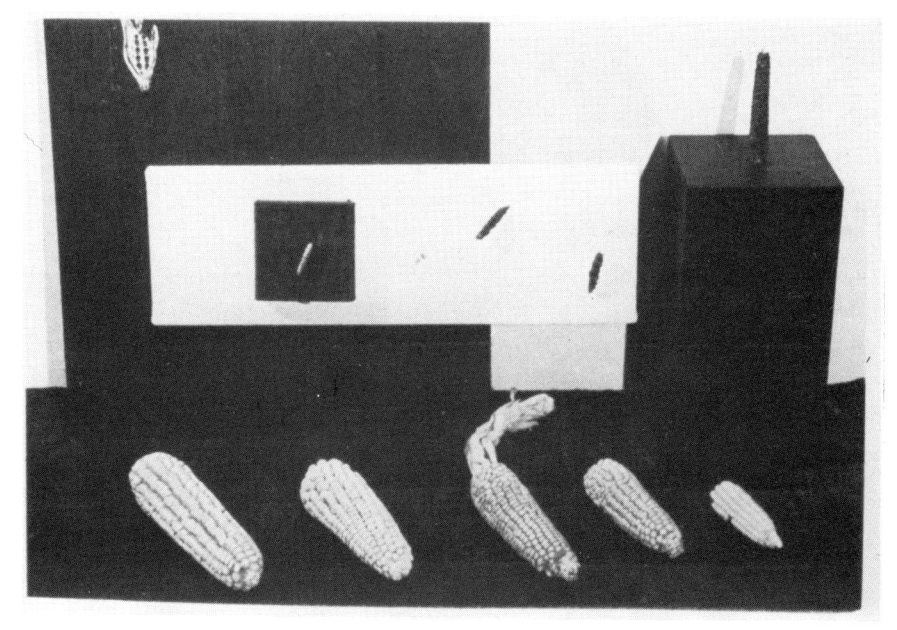

Foto 7: Größenvergleich der ältesten Maiskolben mit den heutigen Hybriden (nach käuflicher Aufnahme aus dem Museo de Antropología, Mexico)

TAFEL V

Foto 8: M IV-Moräne aus der Zeit um Christi Geburt am Nordwesthang der Malinche in 4100 m NN (Lauer, 1973)

Foto 9: M IV-Moräne (Vordergrund), dahinter ein älteres Trogtal mit einzelnen Moränenriegeln am Cofre de Perote (Lauer, 1978)

Foto 10: Andosole und helle Bimsaschen in Wechsellagerung am Osthang des Popocatépetl. Darauf stockt ein Kiefern-Eichen-Wald (Lauer, 1966)

TAFEL VII

Foto 11: Die mexikanische Archäologengruppe um A. Garcia Cook bei einer Oberflächengrabung im Norden von Tlaxcala (Lauer, 1974)

Foto 12: Figurinen aus der Epoche Tzompantepec (1600 bis 1200 v. Chr.) (Garcia C.)

Foto 13: Huehuetéotl (el dios viejo) an einem Gefäß der Epoche 800 bis 300 v. Chr. (spätes Präklassikum) (García C.)

TAFEL IX

Foto 14: Präklassischer Pyramidenkomplex von Totimehuacan, wo durch eine Stollengrabung eine 25 Tonnen schwere Basaltwanne mit Froschsymbolen entdeckt wurde (Alter 545 v. Chr.) (Lauer, 1978)

Foto 15: Gefäß aus der Epoche Tezoquipan (300 vor bis 100 n. Chr.) (Protoklassikum). Es kennzeichnet den Einfluß von Cholula, dessen Keramikware in der Zeit des Klassikums auf dem Hochland von Puebla-Tlaxcala dominiert (García C.)

TAFEL X

Foto 16: Intensiver Bewässerungsfeldbau auf Gemüse, Blumen und Alfalfa im Atoyac-Talbereich in der zentralen Ebene von Puebla-Tlaxcala. Diese Form von Kanalbewässerung vermutet man bereits für das späte Präklassikum (Lauer, 1969)

Foto 17: „Chinampas", die „schwimmenden Gärten von Xochimilco". Eine Bewässerungsform, bei der fruchtbare Binnensee-Marsch von Meliorationsgräben durchzogen wird und die Feldstücke durch Stackzäune festgehalten werden. Der Aushub aus den Kanälen wird auf die Felder gebracht. Wahrscheinlich im Klassikum bereits geübte Melioration für einen intensiven Anbau mit Bewässerung und Entwässerung (Lauer, 1962)

TAFEL XI

Foto 18: Versinterter ehemaliger Bewässerungskanal im Tehuacántal, der sich heute bis zu 75 cm über die durch menschlichen Raubbau abgetragene ehemalige Anbaufläche erhebt. (Lauer, 1978)

Foto 19: Ackerfurchen des postklassischen (oben) und klassischen Ackerbaus (unten), die sich unter Bimsaschen erhalten haben und heute unter Wald liegen in ca. 2600 m NN (Seele, 1968)

TAFEL XII

Foto 20: Streusiedlung am Osthang des Ixtaccihuatl (Schwarmsiedlung), wie sie aus dem Postklassikum in die Moderne überkommen ist. Die Erosionsschluchten sind das Ergebnis der jüngeren Rodeaktivität der Bevölkerung. Sie nahm ihren Anfang im frühen Postklassikum um 800 n. Chr. (Seele, 1978)

TAFEL XIII

Foto 21: Hof eines Kleinbauern mit Lehmhütte, Strohdach und Maisspeicher. Tradierte Form aus dem Postklassikum (Lauer, 1962)

Foto 22: Der Xochitecatl-Hügel in der zentralen Talung von Puebla-Tlaxcala, auf dem postklassischen Kultplätze von Bodo Spranz ausgegraben wurden (Lauer, 1978)

TAFEL XIV

Foto 23: Postklassische Tonfigur aus den Funden des Xochitecatl, (Spranz, 1969)

TAFEL XV

Foto 24: Freske eines Kriegers an einer Wand des Cacaxtla-Palastes ca. 700 n. Chr., der 1976 entdeckt wurde. Eine vollgültige Erklärung für die maya-typische Wandmalerei konnte bisher nicht gegeben werden (Lauer, 1978)

TAFEL XVI

Foto 25: Barranca-Erosion und Akkumulation im Bereich des Serrijón de Amozoc. Der Ackerbau konzentriert sich heute auf die Sedimentations- und Akkumulationsflächen der flachen Talungen. Die Hänge werden nur extensiv beweidet. Die Schluchten sind Folgen eines frühen, postklassischen Akkerbaues (Werner, 1978)

Foto 26: Barranca, die typische anthropogen bedingte Erosionsform der Ebene von Puebla-Tlaxcala. Neben der Schlucht Bauten einer ehemaligen Hacienda (Lauer, 1978)

ABHANDLUNGEN DER AKADEMIE DER WISSENSCHAFTEN UND DER LITERATUR

MATHEMATISCH-NATURWISSENSCHAFTLICHE KLASSE

Jahrgang 1967

1. *Carl Wurster*, Chemie heute und morgen. 16 S., DM 4,80
2. *Walter Scholz*, Serologische Untersuchungen bei Zwillingen. 26 S. mit 6 Tab., DM 4,80
3. *Pascual Jordan*, Über die Wolkenhülle der Venus. 7 S., DM 4,80
4. *Widukind Lenz*, Lassen sich Mutationen verhüten? 15 S. mit 6 Abb. und 2 Taf., DM 4,80
5. *Otto Haupt* und *Hermann Künneth*, Über Ketten von Systemen von Ordnungscharakteristiken. 24 S., DM 4,80
6. *Klaus Dobat*, Ein bisher unveröffentlichtes botanisches Manuskript Alexander von Humboldts: Über „Ausdünstungs Gefäße" (= Spaltöffnungen) und „Pflanzenanatomie" sowie „Plantae subterraneae Europ. 1794. cum Iconibus". 25 S. mit 13 Abb. und 4 Taf., DM 4,80
7. *Pascual Jordan* und *S. Matsushita*, Zur Theorie der Lie-Tripel-Algebren. 13 S., DM 4,80
8. *Otto H. Schindewolf*, Analyse eines Ammoniten-Gehäuses. 54 S., mit 2 Abb. und 16 Taf., DM 13,–
9. *Adolf Seilacher*, Sedimentationsprozesse in Ammonitengehäusen. 16 S. mit 5 Abb. und 1 Tafel, DM 4,80

Jahrgang 1968

1. *Heinrich Karl Erben*, *G. Flajs* und *A. Siehl*, Über die Schalenstruktur von Monoplacophoren. 24 S. mit 3 Abb. u. 17 Taf., DM 9,–
2. *Pascual Jordan*, Zur Theorie nicht-assoziativer Algebren. 14 S., DM 4,80
3. *Otto H. Schindewolf*, Studien zur Stammesgeschichte der Ammoniten. 181 S. mit 39 Abb. im Text DM 28,40
4. *Heinrich Ristedt*, Zur Revision der Orthoceratidae. 77 S. mit 5 Tafeln, DM 14,–
5. *Pascual Jordan*, *S. Matsushita*, *H. Rühaak*, Über nicht-assoziative Algebren. 19 S., DM 4,80

Jahrgang 1969

1. *Pascual Jordan* und *H. Rühaak*, Neue Beiträge zur Theorie der Lie-Tripel-Algebren und der Osborn-Algebren. 13 S., DM 4,80
2. *Otto Haupt*, Über das Verhalten ebener Bogen in signierten symmetrischen Scheiteln. 32 S., DM 5,–
3. *Pascual Jordan* und *H. Rühaak*, Über einen Zusammenhang der Lie-Tripel-Algebren mit den Osborn-Algebren. 8 S., DM 4,80
4. *Otto H. Schindewolf*, Über den „Typus" in morphologischer und phylogenetischer Biologie. 77 S. mit 10 Abb., DM 12,–
5. *Peter Ax* und *Renate Ax*, Eine Chorda intestinalis bei Turbellarien (*Nematoplana nigrocapitula Ax*) als Modell für die Evolution der Chorda dorsalis. 26 S., DM 4,80
6. *Winfried Haas* und *Hans Mensink*, Asteropyginae aus Afghanistan (Trilobita). 62 S. mit 5 Tafeln und 14 Abb., DM 11,20

Jahrgang 1970

1. *Gerhard Lang*, Die Vegetation der Brindabella Range bei Canberra. Eine pflanzensoziologische Studie aus dem südostaustralischen Hartlaubgebiet. 98 S. mit 18 Abb., 17 Tab. und 10 Fig. auf Taf., DM 20,60
2. *Otto H. Schindewolf*, Stratigraphie und Stratotypus. 134 S. mit 4 Abb., DM 26,–
3. *Hanno Beck*, Germania in Pacifico. Der deutsche Anteil an der Erschließung des Pazifischen Beckens. 95 S. mit 2 Abb. im Text, DM 16,–
4. *Helmut Hutten*, Untersuchung nichtstationärer Austauschvorgänge in gekoppelten Konvektions-Diffusions-Systemen (Ein Beitrag zur theoretischen Behandlung physiologischer Transportprozesse). 58 S. mit 11 Abb., DM 16,–
5. *Anton Castenholz*, Untersuchungen zur funktionellen Morphologie der Endstrombahn. Technik der vitalmikroskopischen Beobachtung und Ergebnisse experimenteller Studien am Iriskreislauf der Albinoratte. 181 S. mit 96 Abb., DM 68,–

Jahrgang 1971

1. *Pascual Jordan*, Diskussionsbemerkungen zur exobiologischen Hypothese. 28 S., DM 4,80
2. *H. K. Erben* und *G. Krampitz*, Eischalen DDT-verseuchter Vögel: Ultrastruktur und organische Substanz. 24 S. mit 12 Tafeln, DM 8,40
3. *Otto H. Schindewolf*, Über Clymenien und andere Cephalopoden. 89 S. mit 10 Abb. und 2 Taf., DM 20,–

Jahrgang 1972

1. *R. Laffitte*, *W. B. Haberland*, *H. K. Erben*, *W. H. Blow*, *W. Haas*, *N. F. Hughes*, *W. H. C. Ramsbottom*, *P. Rat*, *H. Tintant*, *W. Ziegler*, Internationale Übereinkunft über die Grundlagen der Sratigraphie. 24 S., DM 6,20
2. *Karl Hans Wedepohl*, Geochemische Bilanzen. 18 S., DM 4,80
3. *Walter Heitler*, Wahrheit und Richtigkeit in den exakten Wissenschaften. 22 S., DM 4,80
4. *O. Haupt* und *H. Künneth*, Ordnungstreue Erweiterung ebener Bogen und Kurven vom schwachen Ordnungswert Drei. 37 S., DM 10,40

5. *Carl Troll* und *Cornel Braun*, Madrid. Die Wasserversorgung der Stadt durch Qanate im Laufe der Geschichte. 88 S. mit 18 Abb. und 1 Karte, DM 22,–
6. *Heinrich Karl Erben*, Ultrastrukturen und Dicke der Wand pathologischer Eischalen, 26 S. mit 7 Tafeln, DM 12,–
7. *Ernst Hanhart*, Nachprüfung des Erfolges von 30 eugenischen Beratungen bei geplanten Vetternehen. 32 S. m. 3 Abb., DM 8,50
8. *Wolfgang Barnikol*, Zur mathematischen Formulierung und Interpretation von Ventilationsvorgängen in der Lunge. Ein neues Konzept für die Analyse der Ventilationsfunktion. 55 S. mit 9 Abb., DM 16,–

Jahrgang 1973

1. *F. Lotze*, Geologische Karte des Pyrenäisch-Kantabrischen Grenzgebietes. 1:200 000. 22 S. und 3 Faltktn., DM 12,50
2. *Eugen Seibold*, Vom Rand der Kontinente, 23 S. mit 16 Abb., DM 8,60

Jahrgang 1974

1. *O. E. H. Rydbeck*, Radioastronomischer Nachweis von interstellaren CH-Radikalen. 24 S. mit 9 Abb., DM 9,20

Jahrgang 1975

1. *Klaus Bandel*, Embryonalgehäuse karibischer Meso- und Neogastropoden (Mollusca). 175 S. mit 16 Abb., 28 Schemata, 21 Tafeln, DM 48,20
2. *Ingrid Henning*, Die La Sal Mountains, Utah. Ein Beitrag zur Geoökologie der Colorado-Plateau-Provinz und zur vergleichenden Hochgebirgsgeographie. 88 S. mit 14 Abb., 16 Taf. m. 28 Photos, DM 30,60
3. *Wilhelm Lauer*, Vom Wesen der Tropen, Klimaökologische Studien zum Inhalt und zur Abgrenzung eines irdischen Landschaftsgürtels. 52 S. mit 26 Abb., 19 Taf. m. 30 Photos, 1 Faltkte., DM 30,20
4. *Gernot Gräff*, Prüfung der Gültigkeit eines physikalischen Gesetzes. 14 S. mit 3 Abb., DM 6,20

Jahrgang 1976

1. *Walter Heitler*, Über die Komplementarität von lebloser und lebender Materie. 21 S. DM 6,80
2. *Focko Weberling*, Die Pseudostipeln der Sapindaceae. 27 S. mit 11 Abb., DM 9,80
3. *O. Hachenberg* und *U. Mebold*, Die Struktur und der physikalische Zustand des interstellaren Gases aus Beobachtungen der 21 cm HI-Linie. 36 S. mit 16 Abb., DM 18,20

Jahrgang 1977

1. *Dieter Klaus*, Klimafluktuationen in Mexiko seit dem Beginn der meteorologischen Beobachtungsperiode. Studien über Klimaschwankungen und Vegetationsdynamik in Mexiko. Teil I. 81 Seiten mit 25 Abb., DM 28,–
2. *Gert L. Haberland*, Proteolytische Systeme, Steuerungseinheiten im Organismus. 20 Seiten mit 9 Abb., DM 8,–

Jahrgang 1978

1. *Gernot Gräff*, Der Starkeffekt zweiatomiger Moleküle. 18 S. m. 1 Abb., DM 10,–

Jahrgang 1979

1. *Wilhelm Lauer* und *Peter Frankenberg*, Zur Klima- und Vegetationsgeschichte der westlichen Sahara. 61 S. mit 25 Abb., DM 24,40
2. *Günther Ludwig*, Wie kann man durch Physik etwas von der Wirklichkeit erkennen? 16 S., DM 5,20
3. *Günter Lautz*, Miniaturisierung ohne Ende? Entwicklungstendenzen der physikalischen Elektronik. 42 S. mit 38 Abb., DM 14,80
4. *Georg Dhom*, Aufgaben und Ziele einer Krebsforschung am Menschen. 23 S. mit 10 Abb., DM 8,60

Jahrgang 1980

1. *Heinrich Karl Erben*, A Holo-Evolutionistic Conception of Fossil and Contemporaneous Man. 18 S., DM 7,80
2. *Charles Grégoire*, The Conchiolin Matrices in Nacreous Layers of Ammonoids and Fossil Nautiloids: A Survey. Part 1: Shell wall and septa. 128 S. mit 59 Abb., DM 39,20

Jahrgang 1981

1. *Wilhelm Klingenberg*, Über die Existenz unendlich vieler geschlossener Geodätischer. 25 S., DM 10,40
2. *Wilhelm Lauer*, Klimawandel und Menschheitsgeschichte auf dem mexikanischen Hochland. 50 S., mit 21 Fig, 26 Fotos, 1 Tabelle und 7 Karten. DM 25,80